情商高
就是会做人

亚权 编著

中国纺织出版社有限公司

内 容 提 要

做人是一门艺术，更是一门学问。俗话说："先做人，后做事。"做人可以说是每个人一生的必修课。

本书从自控、不畏挫折、知足、经营人脉等方面着手，剖析高情商在做人方面的具体体现，教给你一些做人的原则、底线、技巧与规律，助你修炼成为高情商的人。

图书在版编目（CIP）数据

情商高就是会做人／亚权编著. —北京：中国纺织出版社有限公司，2019.11（2023.1 重印）
ISBN 978-7-5180-6277-5

Ⅰ.①情… Ⅱ.①亚… Ⅲ.①情商—通俗读物 Ⅳ.①B842.6-49

中国版本图书馆CIP数据核字（2019）第113269号

责任编辑：李　杨　　特约编辑：王佳新　　责任印制：储志伟

中国纺织出版社有限公司出版发行
地址：北京市朝阳区百子湾东里A407号楼　邮政编码：100124
销售电话：010-67004422　传真：010-87155801
http：//www.c-textilep.com
中国纺织出版社天猫旗舰店
官方微博http：//weibo.com/2119887771
佳兴达印刷（天津）有限公司印刷　各地新华书店经销
2019年11月第1版　2023年1月第3次印刷
开本：710×1000　1/16　印张：13
字数：173千字　定价：39.80元

前言

生活中，一个人不管有多高的智商，能力多么出众，背景条件有多么好，若是不懂得如何做人，那么他最终做事也是难以成功的。做人是一门艺术，更是一门学问。许多人之所以一辈子碌碌无为，是因为他活了一辈子都没弄清楚怎样做人。

在现实生活中，人们总希望可以一举成功，实现心中的梦想。然而，总有许多人付出很多，得到的东西却越来越少，他并非不够努力，不够勤劳，但偏偏落得个一事无成的结局。若从表面上看，做人似乎很简单，其实并非如此。比如你是一位领导，但并不受下属欢迎；你与客户谈合作，但客户并不买你的面子。如果剖析表面现象，挖掘问题的症结，你会发现原因在于不会做人，情商低，所以你总是成为不受大家欢迎的那一个人。

人们常说，做人要精细，把旁人的心理揣摸得析透。所以，会做人是高情商的体现，而情商高就是会做人。做人是一门深厚的社交学问，强调尽自己一切的能力去满足大家对自己的期望，成为人们心中理想的人。我们总是羡慕那些情商高的人，为人处事得体恰当，令人舒服，轮到自己却总是难以做到，不能成为那样的人，比如面对他人，怎么样坦诚却不奉承，相处愉快且彼此舒服。

情商高的人很会做人，他们在修炼自我方面下了很大的工夫。比起炫耀自我，他们更懂得谦虚做人，不论是公共社交场合还是私下朋友聚会，他们从不让自己成为焦点，而是收放自如，言行得体，举止优雅，尽管有自己的想法，但不锋芒毕露，虽能力不错，但不故弄玄虚，有不凡的经历但从不吹嘘自夸。在面对他人时，不管对方是达官显贵还是平凡人，他们都可以给予一样的尊重，能伸能屈，不卑不亢。情商高的人做人有原则，君子有所为，有所不为。他们有道德水准的约束，懂得忍让谦和，任何事情把握适度，不求最好，只求更好，在不断进步中快乐自己，奉献自己，随时随地带给身边人舒适的感觉。

编著者

2019年1月

目录

第01章

揭开情商面纱，了解情商本质

情商，也就是人们常说的情绪商数，主要指的是人在情绪、意志、耐受挫折等方面的品质。与智商一样，情商对于人们也具有非常重要的作用，美国哈佛大学教授丹尼尔·戈尔曼说："情商是决定人生成功与否的关键。"可以说，一个人的成功，只有20%归功于智商，80%则取决于情商。

你真的了解情商吗

近些年来，情商被越来越频繁地提及，不但心理学家大力研究情商，各大企业的人力资源管理者也更加关注情商，甚至连作为普通职场人士的我们也对情商产生了强烈的好奇心。那么，究竟何为情商呢？其实，“情商”的概念最早是由美国心理学家提出的，全称为“情绪智力”。顾名思义，从本质上来看，情商也是一种智力，而且会对人生起到至关重要的影响作用。

在情商概念首次被提出之后，没过几年，情商就得到了迅猛发展。如今，心理学家们对于情商的定义更加准确到位。所谓情商，指的是人们在情感、情绪、意志力等方面的综合素质和品质。相对于传统意义上的智力概念而言，情商是一种创新和发展，也是一种革命性的构建。它比智商的范围更加广泛，涵盖各个方面，充分体现了人们对于生命内在力量的不断探索和把握。

一直以来，大多数人都坚定不移地相信：唯有拥有高智商，才能获得成功。殊不知，现代社会中人际关系被提升到越来越高的地位，也因而导致情商的地位水涨船高。毕竟，唯有拥有高情商，我们才能在人际关系中占据主动地位，也才能建立良好的人际关系，从而为自己的生活和事业发展奠定良好的基础。由此可见，情商的作用不容小觑。

当然，情商是不可独立存在的，它与智商相辅相成，相互依存。从某种意义上来说，情商与智商之间是相对立的关系，因此它们互为补充。自从情商出现之后，就取代了智商决定人生成败的地位，心理学家们也因此更多地把注意力放到研究情商上。曾经，清华大学的校长向毕业生致辞，告诉毕业生们在未来的生活中应该更加重视情商。不得不说，情商的地位达到了前所未有的高度。因而可以说，一个智商很高的人未必能够获得成功，但是一个情商很低的人则注定与成功绝缘。

记得曾经有网络调查显示，很多夫妻在年关将至的时候，总是提前一个月或者半个月，就开始与对方展开激烈的辩论，目的就是决定到底去谁家过年。不管是妻子还是丈夫，假如他们的情商很高，适当对对方做出让步，并且提前做好自己该做的事情，相信春节就不会成为夫妻争吵的导火索，而会成为加深夫妻感情的最佳契机。

走入婚姻往往意味着两个人合二为一，也意味着两个家庭的交融。因而，在成为他人的另一半之后，千万不要过于任性！记住，任何时候只有你多多为对方着想，才能得到对方的让步和回馈。尤其是在处理这些家庭琐事的过程中，高情商的人往往能够把原本的争执变成幸福甜蜜的爱的表达，让夫妻感情急速升温，使家庭生活快乐幸福。

什么是高情商

虽然情商是与情绪和情感有关系的智力因素，但是高情商也是有“指标”的。很多时候，那些自诩高情商的人未必真的高情商，而那些谦虚低调的人反而恰恰是高情商的拥有者，因而总是能够不动声色地获得成功的人生，与幸福结下不解之缘。情商潜移默化地影响和左右着我们的人生，也往往能够改变我们的命运。由此可见，情商的确是非常重要的。那么，每个人并非天生都是高情商，尤其是很多人因为自身性格的局限，往往导致因为情商低受到生活的伤害，在这种情况下，要想通过后天努力提高情商，我们就应该把握高情商的各项“指标”，从而更加有的放矢地针对自身的情况，竭力提高自身的情商。

通常情况下，高情商的人首先具有敏锐的观察力，他们总是能够敏锐地感觉到很多事情的发展变化，也能够顺应形势，积极做出调整。其次，高情商的人很善于自我反省。正如古人所说的，每日三省吾身。所谓金无足赤，人无完人，一个人即使再怎么完美，也不可能毫无瑕疵。因而高情商的人总是能够保持自我反省的好习惯，从而认清自己的优点和缺点，最大限度地发挥自身的主观能动性，改变命运，主宰人生。再次，高情商的人都是积极乐观的。众所周知，人生不如意十之八九，每个人在一生之中都难免会遭遇坎坷挫折，人生也会陷入低谷。在这种情况下，高情商的人就像水一样，虽然柔软无形，但却能够调节好自己的心态，始终积极乐观地面对生活。最后，高情商的人一定是情绪的主宰者，因而才能做到心平气和。人是感情动物，会常常因为情绪冲动陷入失控的状态之中。正如一位名人所说的，愤怒使人的智商瞬间为零，因而人要想保持清醒理智和高智商，必须学会主宰和控制自身的情绪。倘若一个人连自己都无法征服，又谈何实现伟大的理想呢！第五，高情商的人还非常积极主动。众所周知，理想是丰满的，现实是骨感的。任何时候，明智的人都会采取主动的姿态面对生活，因为唯有如此，他们才能主宰命运，掌握人生。否则，再美好的理想如果始终处于空想阶段，最终也会成为水中月、镜中花。高情商的人很少摇摆不定，因为能够及时果断地采取行动，总是果断出击，尽情享受人生，最终才能够最大限度地成就人生。总而言之，高情商的人不会因为生活中一时的坎坷挫折而放弃，他们是人生中真正的强者，有着强大的内心和力量，所以才会成就人生的精彩与辉煌。

小米是一个富于智慧的妈妈，正因为如此，她培养出来的儿子才那么优秀，出类拔萃。在儿子获得美国哈佛大学的奖学金后，小米和朋友们分享育儿经验。她说："其实，我也没有什么诀窍，但是我始终坚持一点，就是努力控制好歇斯底里的情绪，把儿子当成我真正的朋友对待。"

小米的话使朋友们茅塞顿开，尤其是那些辣妈性格的朋友，更是连连点头。原来，她们在养育孩子的过程中总是因为孩子不听话、不能使自己满意而崩溃，甚至疯狂。作为妈妈，她们在孩子面前失态，也影响了孩子们对她们的正确判断，更给孩子的发展带来了负面影响。把孩子当成自己真正的朋友对待，就不会对孩子歇斯底里，更不会口不择言。小米妈妈分享的经验听起来简单，实际上蕴含着深刻的哲理，也告诉每一位朋友，要想成为好妈妈，首先要成为能够控制和主宰自身情绪的女人。

在这个事例中，小米妈妈的分享给予很多“河东狮吼型”的妈妈以深刻的启示。的确，作为孩子的榜样和第一任老师，每一位妈妈的言行举止都会给孩子带来深远的影响，甚至改变孩子的一生。因而曾经有人说，社会的发展都要靠妈妈们努力推动。尽管这种说法有些极端，但是却很有道理。那么，作为一个高情商的妈妈，不但能够经营好家庭生活，更能够给予孩子积极正向的力量。

不仅是在孩子的教育问题上，其实我们生活和工作的方方面面都与情商有着密切关系。即便是日常最简单的事情，去菜市场买菜，我们也需要高情商，才能把菜贩子说得心花怒放，宁愿少赚一些钱也要把菜卖给我们。这岂不是很有趣的事情吗？我们在每天之中的每分每秒，几乎都在与情绪相伴。即使是在深度睡眠中，也有很多人因为梦境导致情绪波动。由此可见，唯有掌控自身的情绪，我们才能真正成为高情商的人，让自己的生活更加从容。除此之外，高情商的其他指标也对我们的生活起到至关重要的影响作用，这同样不可小觑。

情商比智商更重要

心理学家霍华·嘉纳说："一个人最后在社会上占据什么位置，绝大部分取决于非智力因素。"除此之外，很多调查资料都显示，一个情商高的人无论是在人际关系、谈恋爱，还是主宰个人命运等各个方面，其成功的几率都比较大。

也许很多人会认为，那些高智商者才能找到自己理想的工作、得到自己想要的生活，才可以取得高的成就，其实，人一生的成就至多只有20%归功于智商，另外80%则受情商因素的影响。所谓20%与80%并不是一个绝对的比例，它只是表明，情感智商在人生成就中起着不可忽视的作用。尽管智商的作用不可或缺，但过去把它的作用估量得太高了。

其实，与社会交往能力差、性格孤僻的高智商者相比，那些能够敏锐了解他人情绪、善于控制自己情绪的人，更可能找到自己想要的工作，也更可能取得成功。情商为人们开辟了一条事业成功的新途径，它使人们摆脱了过去只讲智商所造成的无可奈何的宿命论态度。

心理学家认为，情绪特征是生活的动力，可以让智商发挥更大的效应。所以，情商是影响个人健康、情感、人生成功及人际关系的重要因素。

在美国遭受恐怖袭击后，有一家公司的CEO是这样做的，他把遭受痛苦的员工们召集到一起，说："我们今天不用上班，就在这里一起缅怀我们的亲人"，并一一慰问他们和亲属。在那一个充满阴云的星期，他用自己的实际行动帮助了自己和他的员工，让他们承受住了悲痛，并把悲痛转化为努力工作的热情，在许多企业经营亏损的情况下，他们公司的营业额却成倍上涨。

这就是高情商领导的力量，它是融合了自我情绪控制、高度忍耐、高度人际责任感的艺术。

卓越的领导者在一系列情绪智能，如影响力、团队领导、政治意识、自信和成就动机上，均有较优越的表现。情商对领导人特别重要，是因为领导的精髓在于使他人更有效地做好工作。一个领导人的卓越之处，在很大程度上表现于他的情商。这就是为什么人们不是推举一些特别聪明的人做领导，而是推举一些能关心别人、与人关系融洽的人做领导的原因。相比较之下，情商高的人更能为众人办事，也更能发挥群体的积极性。

曾经有个记者刁难一位企业家："听说您大学时某门课重考了很多次还没有通过。"这位企业家平静地回答："我羡慕聪明的人，那些聪明的人可以成为科学家、工程师、律师等等，而我们这些愚笨的可怜虫只能管理他们。"

的确，要成为卓越的成功者，不一定智商高才可以获得成功的机会，如果你情商高，懂得如何去发掘自己身边的资源，甚至利用有限的资源拓展新的天地，滚雪球似地积累自己的资源，那你也将走向卓越。

萧伯纳说："在世界上出人头地的人，都能够主动寻找他们要的时势，若找不到，他们就自己创造出来。"

情商对于一般人而言也是如此。许多人在校时成绩很好，毕业后却碌碌无为。他们经常抱怨与人难以相处，得不到上司的赏识，在生活中处处碰壁，有些人甚至心态失衡而走上歧途，究其原因也是情感智商低。而一些在校时成绩平平，被认为智商一般甚至低能的学生，毕业后却如鱼得水，成为独占鳌头的领导者。他们能适应周围环境，抓住机遇。更重要的是，他们善于把握和调整自己的情绪，善于把握和适应领导者的愿望和要求，善于处理自己周围的人事关系，因而他们成功了。

亚历山大·冯·洪堡上学时的成绩也不好，在一次演讲中他提到："我曾经相信，我的家庭教师再怎样让我努力学习，我也达不到一般人的智力水平。"可是，二十多年后他却成为了杰出的植物学家、地理学家和政治家。达尔文在他的日记中说："老师、家长都认为我是平庸无奇的儿童，智力也比一般人低下。"但他成了伟大的科学家。凯文·米勒小时候学习成绩不好，高中毕业时靠着体育方面的才能，才勉强进入芝加哥大学学习。许多年后，在他公开的日记中有这样的记述："老师和父亲都认为我是一个笨拙的儿童，我自己也认为，其他孩子在智力方面比我强。"可是，凯文·米勒经过多年的努力，却成为了美国著名的洛兹企业集团的总裁。

现代研究已经证实，情商在人生的成功中起着决定性作用，智商只有与情商联袂登台，才能淋漓尽致地发挥作用。在许多领域卓有成就的成功人士当中，有相当一部分人，在学校里被认为智商并不太高，但他们充分地发挥了他们的情商，最后获得了成功。

高情商的人拥有好心态

生活中，当你兢兢业业地工作，却得不到老板赏识，也与升职、加薪擦肩而过时，你是选择忍气吞声还是据理力争？或者直接辞职走人？当你与爱人因为一些琐事吵起来，你是选择冷却情绪还是坚决不让步呢？当你的孩子面对你的耐心教育依然调皮捣蛋、不听话时，你是暴跳如雷还是心平气和呢？你有什么样的情绪反应就决定了你会有什么样的生活。

生活就是这样，充满了各种麻烦和困扰。无论是生活还是工作，都是如此，面对那些烦恼，如果我们能保持积极的心态，那么，我们就能获得心理上的平衡，也就能想开一点，心胸也必然会豁达，这样才能正确地对待和妥善处理好所面对的事情，工作就会因此变得很顺利，心情就会很舒畅。而如果自己生闷气，就容易陷入情绪的死胡同里，言行也必然会出现反常，有时甚至会因为一点小事而大闹一场，出口伤人，这样就会使人品大为降格，人际关系也会受到损坏。更为有甚者，干脆连工作也不想干了。冷静地想一想，为了一点点小事，大发脾气是根本不值得的，到最后受伤害的还是自己。

的确，好心态是非常关键的，在遇到问题时，如果我们能朝着积极正面的方向看，我们就能拥有好心态，反过来，如果你做不到，你就要尝试着调整自己的心态。事情已经发生，你不能改变事态，但你可以改变自己的态度。如果你能够这样想，就会发现自己的心绪会峰回路转、柳暗花明。任何问题都要一分为二地看待，换个角度，就会海阔天空。

有这样一则堪称“神奇”的故事：

曾经有一对年过四十的夫妻，他们在进行年度身体检查时，却发现自己患了绝症：妻子得了乳腺癌，丈夫患了严重的动脉血管疾病，医生坦言他们只剩下半年时间了。这简直犹如晴天霹雳，他们原本幸福的生活似乎一下子就要破灭了。

然而，这对夫妻并没有就此在哀怨中生活，他们想了想，还有半年时间，足够他们完成这辈子最想做的事了——环球旅行。于是，他们卖掉了他们十年前才还清贷款的房子，并很快就出发了。

在他们的旅行过程中，他们几乎忘记了生病这一回事，格外珍惜每一天，他们仿佛回到了二十年前他们刚结婚的时候，那时候，他们没钱、忙于工作、照顾孩子，但现在他们有机会了，看到他们甜蜜的样子，没有人会想到他们是一对生命即将结束的病人。

五个月后，他们的旅行结束了，按照规定，他们还需要做一次检查，但在看检查结果时，连医生都惊呆了，他发现妻子的癌细胞已经消失，连丈夫的动脉血管阻塞也好了许多，这个结果让医生感到匪夷所思。

后来，医院就这一对夫妇的情况进行了研究，他们认为这是积极的情绪的作用，快乐的人脑内会分泌一种安多芬，它会增加体内的淋巴球，进而增强对抗癌细胞的能力，让人重新获得健康。

这简直是个奇迹！这一故事告诉人们，一个人心态上是积极的还是消极的，就决定了其生活是光明的还是灰暗的。可见，当人生的不幸来临时，积极的心态是一个人战胜一切艰难困苦，走向成功的推进器。积极的心态，能够激发我们自身的所有聪明才智；而消极的心态，就像蛛网缠住昆虫的翅膀、脚足一样，来束缚人们才华的光辉。

有人说，积极的心态是创造人生，积极的心态是成功的源泉，是生命的阳光和温暖；而消极的心态是失败的开始，是生命的无形杀手。所以我们一定要重视情绪的力量，察觉每一个情绪背后的意义，它可能是死神的召唤，更可能是改变命运之门的钥匙。

积极健康的心态能使人具备一种良好的心境，拥有较好的人际关系，也能适应环境，尽己所能来改变环境，人格也得到健康发展。具备积极健康的阳光心态，可以让人达到深刻而不出现浮躁，可以表现出谦和而不是张扬，能够更加自信而且亲和。所谓和谐，并不仅仅是要努力达到人与人之间的和谐、人和自然之间的和谐，更要培养的是人内心的和谐。一个人要具备知足、感恩、乐观开朗的良好心理，拥有喜悦、乐观、积极向上的人生态度，个人内心的和谐才能够促进整个社会的和谐。

塑造健康阳光的心态，可以让人建立起积极的价值观，从而拥有健康的人生，释放出自己强劲的影响力。如果一个人的内心是一团火，就会散发出光和热；如果内心是一块冰，就算是被融化以后，也还是零度。要温暖别人，你的内心就需要有热；要照亮别人，就要先照亮自己；要照亮自己，就要先照亮自己的内心。那么，怎样才能照亮自己的内心呢？这就需要我们点亮自己心中的那盏灯，塑造一种阳光的心态。

良好的心态无论是对个人，还是对家庭、团队、社会，都能起到一种积极的影响作用。积极的心态要求一个人能够从正面来看待问题，乐观地来对待自己的人生，并且能够勇敢地接受各种挑战，以及应对各种麻烦。这些对一个人的为人处世是至关重要的。心态就是人们调控人生的控制塔，不同的心态会导致不同的人生，有时候这种不同会有天壤之别。一个人的心态是可以决定他的命运和成败的。因此，我们要通过后天不断的努力来修炼自己的心态。只有这样，才能成就事业、改变人生。

的确，人的心态是复杂多变的，从消极心态到积极心态是需要进行调整的，由外界的影响或自身进行合理的调适，最后达到一种心平气和、积极向上的心理状态。人生在世，不如意事十之八九，许多事情都是不以人的意志为转移的。一个人要学会用阳光的心态去感受生活，更要学会放下、谅解、宽容和尊重。

情商高手，都是修炼而来的

很多人在抱怨自己情商太低的时候，往往把责任推到父母的身上，说自己之所以情商低，就是因为父母没生好，更没有教育好。其实，情商不仅仅取决于先天，而是很大程度上取决于后天的努力。我们每个人都应该客观评价自己的情商高低，并且主动省察自己的情商有何需要提高和改进的地方。要知道，一旦情商提高，也许我们人生的困局就会豁然开朗，甚至对于我们一直努力攻坚的专业技术领域，也会起到意想不到的良好效果。所谓磨刀不误砍柴工，也可以说提高情商对于提高智商同样有辅助作用。

其实，只要我们愿意，我们也可以成为情商大师。通常情况下，那些在情商上有突出表现的人，无一不是心思细腻的人。他们很善于控制自己的情绪，很少犯歇斯底里的错误，也能够体贴入微地为他人着想，给予他人良好的交往体验。只要用心，我们总能成为受人欢迎的人，情商也会在不知不觉中得以提高。

大学毕业后，夏利进入一家公司工作。因为是应届大学毕业生，没有任何工作经验，所以夏利的工作面临着举步维艰的状况。不过，夏利很机灵，他的嘴巴很甜，对于公司里的前辈们都非常尊重，而且不是叫哥哥，就是叫姐姐，很快就把他们都哄得开开心心的。尤其是有事情需要求教或者帮忙时，夏利则更加会发挥高情商的作用。今天，夏利刚好有个表格不会做，因而拿起提前准备好的巧克力，来到前台小马那里，说："马儿马儿，要吃草吗？"小马高兴地看着夏利，心情很好的样子，夏利把巧克力送给小马，又说："美女，能不能帮帮我呢？你要是不帮我，我今天到下班也做不完表格。当然，我不用你帮忙做，你只要告诉我怎么做就行了，就当我的老师吧，好吗？"对于一个年轻的小帅哥如此的请求，小马怎么会拒绝呢！就这样，当很多和夏利一样初入职场的新人都在面对工作的僵局发愁时，夏利很快就打开了僵局，为自己的工作打开了新局面。

每个人都可以成为高情商的人，也可以成为人际交往中的社交达人，前提条件就是一定要多多站在他人的角度考虑问题，尤其是请求他人的帮助时，要注意措辞，把话说得好听一些。这样一来，他人才能更加心甘情愿地帮助我们，在这样的礼尚往来中，你与他人的关系也变得更加亲密，岂不是一举两得吗？

尤其是现代职场，人际关系非常复杂，同时也对我们的职业前途起到很大的影响作用。假如你不想成为被大家冷落的人，假如你想得到更多同事热心的帮助，不如从现在开始就向夏利学习吧，相信只要你把细节做到位，即使是资历很老的同事也会很喜欢你，对你另眼相看的！

高情商，让人生更精彩

每当看到雄鹰在苍茫的天空中飞翔，你的心是不是也随之起伏不定，心潮澎湃呢？的确，每个人都梦想着长出翅膀，这样我们的人生才能变得无拘无束，我们也才能随心所欲地到达任何想去的地方。毋庸置疑，成功的人生就像是长出了翅膀，金钱和权势给人生打开更大的空间，成功的经验和经历也使我们的目光更加犀利，心智更加健全。由此可见，渴望成功的人生，必然离不开翅膀。那么，如何才能拥有翅膀呢？

很多人从影视剧里看到扮演律师的演员们在法庭上唇枪舌战，或者看到那些扮演警察的演员们身手矫捷，或者看到那些扮演舞者的演员们身姿袅娜，都会心生羡慕。的确，这些影视剧塑造出来的完美角色，都像是长出了翅膀一样变得随心所欲，无所不能，让作为观众的我们看了之后心驰神往：假如我们也如此优秀，在各种场合如鱼得水，那该多好啊！尤其是那些侃侃而谈的律师，征服了所有人的心，甚至把现实生活中的律师也定义为这样的角色和表现。其实，要想让人生长出翅膀，除了需要超强的业务能力之外，更需要超高的情商。不管是在生活中，还是在职场上，随着社会的发展和各种竞争的日渐激烈，人与人之间勾心斗角的事情变得很常见。在这种情况下，所谓的书呆子，或者高分低能者，都无法顺利适应社会的要求。

在读初中的时候，丝丝就因为在学习上积极主动，得到了所有老师的交口称赞。尤其是在初三复习阶段，很多同学因为老师布置的繁重作业导致拖拖拉拉，经常不能按时完成作业。唯独丝丝，不但对老师布置的繁重作业毫无怨言，还会经常提前完成老师的作业。有一次，老师布置作业时看到丝丝早已认真地完成了作业，因而特别给予丝丝特权："以后，丝丝可以自由决定完成多少作业。如果觉得自己应该抄写五遍，那就抄写五遍，不用管老师让抄写八遍还是十遍。如果丝丝觉得自己已经完全掌握了，就可以一遍也不抄写。这是丝丝的特权。"听到老师的宣布，同学们简直都惊呆了，教室里一片唏嘘声。后来，丝丝非但没有少写任何作业，反而更加积极主动地完成作业，自主复习，最终考取了好成绩。

后来大学毕业走上工作岗位后，在大学里学到了真才实学的丝丝依然英雄不改本色。她在工作中肯钻研，不管遇到什么难题都会主动解决，很少把问题搁置起来。进入公司一段时间之后，丝丝发现公司因为业务往来的关系，经常需要找翻译公司翻译资料。为此，她想到自己大学时英语还不错，因而也开始试着为公司翻译资料。有一次领导特别着急翻译一份文件，当天晚上就需要用，临时找翻译公司肯定来不及了，所以丝丝自告奋勇："领导，把这份文件交给我翻译吧。"领导有些迟疑："这，行吗？"丝丝笑了，说："其实，上次您交给我的文件也是我负责翻译的，并没有找翻译公司，不信你可以去财务室问，我没有报销最后一次的翻译费用。您就放心吧！"听到丝丝这么说，领导就像抓住了救命稻草一般，说："那可太好了，太好了。真没想到，丝丝居然如此有才呢，看来必须委以重任！"当天晚上，丝丝早早地就把翻译好的文件交给领导了。后来，领导考虑到找翻译公司不方便，索性把所有的翻译工作都交给丝丝处理，随着公司的发展，在公司成立外联部门的时候，丝丝理所当然成为了主管。

在这个事例中，丝丝无疑是个高情商的职场人士。她敏感地意识到公司长期需要翻译，因而主动提升自己，从而使自己在雪中送炭的情况下得到领导的赏识和重用，这可比平日的工作中给领导锦上添花效果好多了。也因此，她的职业生涯一帆风顺，她也很快因为公司业务拓展，成为外联部门的主管。

朋友们，高情商表现在很多方面，通常情况下，高情商的人往往能够先人一步，想得更多更长远，也因为未雨绸缪，所以遇到事情能够表现出更深的谋虑，不会因为事发突然而惊慌失措。当我们时时留心，处处留意，提高自己的情商时，人生也就会像是长上了翅膀，变得更加顺遂。

第 02 章

情商高的人，总是比别人更能管理好自己

高情商的人之所以更容易成功，是因为他们善于自控。人生需要控制，失去控制的车轮常常会翻出正常的轨道，同样，失去控制的人生最终会导致失败。修炼情商，需要调控自己的情绪，有效管理自己。

自我反省，灵魂深处拷问自己

在脍炙人口的《白雪公主》的故事里，那个蛇蝎心肠的后妈拥有一面忠诚的魔镜。不管什么时候，只要她问魔镜谁是世界上最美丽的人，魔镜总是如实回答“白雪公主”。尽管这个诚实的回答给白雪公主招来灾祸，但是后妈却因此知道了真相。其实，我们每个人都有属于自己的“魔镜”，那就是我们坦然面对内心世界、获得真相的勇气。

现实生活中，很多人都活在自欺欺人之中，他们不敢承认自己的缺点和不足，也因此一味地逃避，勾结心中的魔镜一起欺骗自己。如此下去，最终的结果是什么呢？结果就是他们不能客观公正地认知和评价自己，也不知道自己的优点和缺点是什么，更无法做到扬长避短、取长补短，帮助自己获得长足的发展。如此一来，人生的魔镜完全失去了意义。相反，那些功成名就的伟大人物，不但具有天赋，最重要的是他们还拥有忠诚的魔镜。当他们质疑自己、反思自己时，魔镜一定会忠心耿耿地给出真实的回答，尽管答案有时让人难堪，但是却能够激励他们进行深刻的自我反省，想方设法地弥补自身的不足，使自己不断进步。正如古人所说，一日三省吾身。的确，我们每个人都有缺点和瑕疵，一味逃避并不能使这些缺点不复存在，只会蒙蔽我们的眼睛和心灵。尤其是作为人，更应该让自己的内心变得强大，能够坦然面对和接纳自己的一切。

遗憾的是，很多人都觉得很了解自己，也坚信自己足够优秀，因而完全摒弃了“一日三省吾身”。殊不知，人最熟悉的人是自己，最陌生的人也是自己。要先对自身做出客观公正、准确真实的评价，我们就必须坚持进行自我反省，坚持主动自我修正。无疑，这需要莫大的勇气和顽强的毅力。人性的本能决定了人们只想要听到肯定和赞美的话，而不愿意遭受批评和否定，因而否定和反省自身就变得更加艰难。然而要想成长，我们就必须进行自我反省。意识到这一点，你是否能够鼓起勇气拿起反省这把“手术刀”狠心地剖析自己了呢?

细心的人会发现，一个真正优秀和幸福的人，绝不会蒙蔽自己。相反，他们常常针对自己的缺点和不足进行积极的弥补，也会在灵魂深处拷问自己。由此可见，人只有坚持自我反省，才能离幸福越来越近。此外，坚持自我反省也是高情商的表现。

在大学校园里，作为一名指导员，张晴无疑深受学生们的爱护和拥戴。按理来说，刚刚大学毕业的她也还算是一个孩子呢，同时也缺乏人生经验和阅历，她到底是如何赢得学生信任，得到学生青睐的呢？原来，张晴是一个非常善于自省的人，她和学生们在一起从未把自己当成老师，而是作为学生们最值得信任的知心姐姐来相处。

记得有一次，有个同学因为期末考试好几门课程不及格，居然冲动地想要退学。起初，张晴和大多数指导员一样，劈头盖脸地就把那个同学数落了一顿，并且还说了一通诸如“要迎难而上”之类的大道理。等到那个同学无动于衷地走开之后，张晴才意识到自己的方法过于简单粗暴，她进行了深刻的自我反省：假如我是那名同学，我会怎么想，怎么做？想到这里，她茅塞顿开，因而马上又去找那位同学交流。最终，她凭着耐心、体贴和理解，成功打开那位同学的心扉，帮助他打开心结。年终，张晴被评选为优秀指导员。在颁奖典礼上，她谦虚地说：“其实，我在指导员这个岗位上还很稚嫩，因而我一定要时刻保持反省进取的心态，这样才对得起老师和同学们的信任。”

作为一名刚刚毕业的大学老师，张晴也许并不比学生们大几岁。正是在这样的状态下，她从未以老师自居，而是坚持自我反省，不断进取，最终在工作上获得了成绩。相信如果张晴始终以这样的心态行走在人生路上，一定能够获得人生的辉煌和成功。

对于任何人而言，反省都是完全有必要的。这是我们进步的阶梯，也是我们不断努力进取的方式和手段。现代社会，每个人在生活中都承受着更大的压力，在工作中面临的竞争也更激烈。尤其是女人，不但要照顾家庭，还要在社会生活中与男性平分秋色，因而更需要不断完善和提升自我，才能获得进步。当然，自我反省并不仅仅局限于发现自身的缺点，也包括不断发掘自身的优点，激发出自身的潜能。科学家经过研究证实，每个人都拥有巨大的潜能，这就像一座宝藏，要掌握钥匙才能打开。自我反省，就是发掘自我的钥匙。

如果你们想要提高自身的情商，就从自我反省开始做起吧。相信当你们越来越优秀，当你们迎风绽放时，一定能够赢得更加美好的人生。

定期梳理情绪，做好自我管理

说起管理，很多人一定觉得纳闷：我们既不是领导，也不是高管，哪里需要涉及管理呢？没错，你看到的这个标题完全正确，在此我们需要管理的是自己，而不是他人。一个人要想获得幸福，就要主宰情绪，要想主宰情绪，就必然要进行合理的自我管理。也许有些朋友会觉得好笑，自己是我们最熟悉的人，也是我们的本体，如何还需要管理呢？其实，自己也恰恰是我们最陌生的人，和应对他人与外界相比，管理好自己更需要我们付出巨大的努力。从这个角度来说，我们必须学会自我管理，这样才能距离幸福的人生更进一步。

众所周知，幸福是人生的一种感受，尽管与生活的方方面面密切相关，但是实际上又与很多事情没有必然的联系。诸如一个千万富翁未必觉得幸福，一个衣衫褴褛、食不果腹的乞丐也未必觉得不幸福。真正的幸福，是内心的平静和淡然，是内心深处的一泓清泉，也是人生之中明媚的阳光和甘甜的雨水，更是煦暖的春风。每个人都想得到幸福，殊不知，幸福并不是从外界和他人那里得到的，而完全来自于我们的内心。当我们情绪平静，内心祥和，对现在拥有的一切感到满足和喜悦，我们就是幸福的。否则，当我们的心陷入欲望的深渊，不管拥有多少都觉得还有巨大欠缺，那么最终我们的心就会变得焦躁不安，我们的人生也再无幸福可言。

曾经有位名人说，和谐就是美。对于每个人而言，道理同样如此。

我们只有保持自身的和谐，努力做到人生的平衡，我们才能有缘得到幸福。毋庸置疑，人的情绪总是有好坏之分，好情绪使人心平气和，心情愉悦，坏情绪使人歇斯底里，暴躁不安。很多人都曾有过这样的体验，对于我们最心爱的衣橱，假如一段时间不整理，就会在日复一日的乱翻乱找中变得混乱不堪。其实，我们的情绪也和衣橱一样，需要定期清理，摒弃那些无用的垃圾，把留下来的精品分门别类地摆放，这样才能拥有秩序井然的好心情，也才能拥有井井有条的人生。反之，若情绪紊乱，我们的人生也会变得毫无头绪，混乱不堪。

作为电器公司的售后客服人员，小雅进入公司一年多之后，就被提拔为客服主管。对此，同事们全都心服口服，没有人因为小雅入职时间太短就得到升职感到不公平。原来，这一切都归功于小雅的出色表现。

在日常生活中，小雅原本是一个脾气暴躁的人。不过，自从她决定去售后部门工作之后，她决定改变自己。曾经说起话来如同连珠炮一样、大嗓门的她，变得温和细腻，即便遭到客户的怨声载道，她也绝不抱怨。有一次，公司总部下来暗访人员，以莫名其妙的借口对着小雅一通抱怨。当时，很多其他同事都恼怒了，唯独小雅依然和颜悦色地说："您好，我很理解您的心情，毕竟买了家电出现质量问题，不但要在经济上承受损失，最重要的是还要花费时间和精力处理问题。您看这样好不好，我会第一时间安排售后人员去您家里，为您的电器免费检修。如果的确是质量问题，我们会无偿为您更换。如果过了换货期，也会无偿为您维修。总之，一定达到您的满意，也尽量少浪费您的宝贵时间。"看到小雅这么说，那么故意刁难的"伪装"客户自然也不好意思继续纠缠，又加上小雅始终笑脸相迎，他只得同意小雅的解决方案。在一个月之后公布这次总部“微服私访”的结果时，小雅在全国一百多个售后服务店中名列第一。可想而知，她被提升为本地的售后主管也是情理之中的。

在这个事例中，下决心要做好售后服务工作的小雅，一改暴躁的脾气，努力提高自己的情商，竭尽全力控制自己的情绪。她很清楚售后工作难免经常受气，因为每一个需要售后服务的客户都必然心中有着或大或小的怒火。她也做好了准备，所以才能兵来将挡，水来土掩，始终以满面春风的微笑，帮助顾客做好售后服务工作，竭力达到顾客的满意。

其实，不仅仅是从事售后工作的人需要调整好情绪，做好自我管理，即便是在日常生活与工作中，我们每一个人也都需要梳理自己的情绪，让自己怀着积极乐观的态度面对人生，畅享人生。记得曾经有位名人说，生气是拿别人的错误惩罚自己。既然如此，生活本就艰难，我们为何还要与自己过不去呢！当我们心中释然，对于人生中一切的突发事件和不平等待遇也就都能够做到平静相对时，我们的人生自然会进入更高的境界，我们也能够得到更加豁达从容的幸福。尤其是那些会犯小心眼毛病的人，更应该记住一个道理：世界在你的心中。如此一来，要想拥有开阔的人生和广阔的人生天地，我们有何理由不打开心胸，放眼未来呢！

挖掘潜能，激发内在驱动力

所谓自我激励，顾名思义，就是自己激励自己不断努力，从而达到预先设定的目标。从本质上来说，这是一种心理特征。曾经有心理学家认为，自我激励是实现成功的必要先决条件，倘若没有强烈的自我激励，人们在面临来自内部和外界的各种困难时，很难获得成功。可以说，人的所有行为都是在自我激励下产生和完成的，这也是人们内在驱动力的表现，它使人们不断向着目标奋进，最终成功到达人生的巅峰。

从心理学的角度而言，自我激励来源于自我期待。一个人只有对自身满怀希望，才能更加主动激励自己，帮助自己排除万难，战胜坎坷和挫折。在中古时期，苏格兰的一个国王带领臣民数次抵抗英格兰的入侵，却接连遭受失败。在第六次失败之后，他颓然躺在农家的草棚中，完全失去了战斗的信心。正当他万念俱灰的时候，突然看到墙角有个蜘蛛正在织网。它不停地把丝从这头拉到那头，连续六次，每次都以失败告终。但是它毫不气馁，继续努力，终于在第七次的时候成功了。为此，这个国王深受震动和启发，暗暗想道："我也要再试一次！我一定能够成功，胜利必将属于我们！"就这样，国王鼓起勇气，再次率领臣民英勇反抗。最终，他成功赶走了侵略者，让人民过上了安居乐业的生活。从蜘蛛身上，我们不难发现，只有毫不气馁持续努力，才有可能获得成功。从国王身上，我们更能得到深刻的启示，唯有坚定不移地相信自己，我们才能满怀希望，鼓起勇气，发掘出自身的潜能，获得梦寐以求的成功。这也是大家都知道的，明确的目标会使人找到方向，坚定的信念又会使人勇往直前。这一切，恰恰是成功必不可少的条件。

很小的时候，波尔就想成为一名物理学家。不过，他没有聪慧的头脑，反应也不够机智，对于同样的问题，别人也许很快就记住了，他却花费很长时间也无法彻底搞清楚，记忆更是非常艰难。有一次，有个科学家向大家介绍量子论的新观点，所有在场的人里，除了波尔，大家全部只听了一遍就完全懂了。因为波尔没听懂，所以科学家不得不为波尔又详细讲了一遍。尽管学习的过程如此艰难，波尔却从未降低对自己的期待。他始终都在坚持不懈地激励自己，坚信自己一定能够成为优秀的物理学家。

波尔当然知道自己的缺点，也知道自己反应很慢，因而他一直坚持笨鸟先飞，总是比别人付出更多的努力。一次不能理解，他就多理解几次，多询问几次，直到自己彻底明白为止。有的时候，别人为此感到厌烦，他也绝不不懂装懂，而是继续锲而不舍地请教、询问。就这样，波尔最终成为了一名“愚蠢”的科学家。在强烈的自我期待和自我激励之下，他于1942年获得了诺贝尔奖，赢得了世人的尊重和认可。

从波尔身上，我们可以感受到自我期待和自我激励的强大力量。作为这样一个天资愚笨的科学家，波尔在科学研究的道路上付出了百倍的努力，也饱尝艰辛。正因为他的锲而不舍，正因为他的永不放弃，他才能获得举世瞩目的成就，成为真正伟大的科学家。

在每个人的一生之中，自我激励都是非常宝贵的财富。它是激励人不断进取的内驱力，为人的进步提供源源不竭的动力。当一个人能够真正做到自我激励，他的人生也就拥有了翅膀，能够展翅翱翔。海伦曾说，当你拥有自我激励的力量，你应该飞翔，而不要爬行。朋友们，如果你们还没有自我激励的力量，为何不马上改变自己的心态，让自己的人生从此变得与众不同呢？从现在开始，行动起来吧！

打破禁锢，释放自我

曾经，有个心理学家进行了一项著名的实验。他拿出一个透明的玻璃罐，把跳蚤放在其中，跳蚤轻而易举就跳出了玻璃罐子。随后，心理学家再把跳蚤放进玻璃罐中，并且用玻璃盖盖好罐子，这样跳蚤虽然不停地跳跃，但却因为每次都碰到罐子的顶部，导致失败。如此几天之后，心理学家把玻璃罐的透明盖子取下来，但是跳蚤依然每次只能跳到罐子口部的位置，再也无法成功摆脱罐子的禁锢。难道是跳蚤的跳跃能力减弱了吗？其实不然。只是在一次次跳跃碰到玻璃罐的盖子之后，跳蚤渐渐变得麻木，因而习惯了自己的跳跃高度。这样一来，即便玻璃罐没有盖子了，它也无法跳出玻璃罐。可以说，已经消失的玻璃罐盖子深深地镌刻在跳蚤的意识中，也在跳蚤的心中建造了囚牢。后来，心理学家把这种因为负面的自我认定导致自身欲望和潜能被扼杀的现象，称之为“自我限定”。

毋庸置疑，自我限定是很可悲的，因为个体本身其实是具备更高能力和潜能的，却因为意识上的局限，导致受到禁锢。当然，这种现象并非仅仅存在于跳蚤身上，在现实生活中，很多人都因为自我限定，导致发展受到阻碍，也导致人生无法得到成功和幸福。尤其是很多人，总是在心里设定自己的最大能力，因而不但无法积极主动地追求幸福生活和事业上的成功，也使得自己的人生发展受到极大阻碍。最可怕的是，他们的禁锢并非来自于外界，而是来自于他们的内心。他们总是不停地暗示自己：我做不到，我没有能力，我不可能获得成功。长此以往，这种观念在他们心中根深蒂固，也使得他们丝毫没有意识到这种禁锢的存在。因而，我们必须有意识地打破囚牢和禁锢，才能更加深入地释放自我的能量，获得成功的人生。

自从小时候被水呛过一次之后，艾米再也不敢亲近水了。眼下，她已经成为一名初中生，但是却依然对水心有余悸。这个暑假，同学们都相约去水上乐园玩耍，艾米也去了。不过，她始终只敢坐在水池边上，看着同学们玩水上滑梯、水上跷跷板等，无论如何也不敢离开坚实的岸边。

露西来到艾米的身边，鼓励艾米："来吧，那里的水很浅，只到小腿，没有任何危险。你只要勇敢地迈出第一步，就会发现水很好玩，没有那么可怕。"在露西的再三鼓励下，艾米终于鼓起勇气来到浅水区。她看着波光粼粼的水，有些头晕目眩，露西又鼓励她："你可以的，这点儿水根本不会使人感到头晕，你要告诉自己'我不害怕'，你会感觉好起来的。"果然，在进行积极的自我暗示之下，艾米觉得好多了。整个下午，她都和露西一起在浅水区玩耍。等到几天之后再次来到水上乐园时，艾米居然在露西的牵引下来到了一米多深的水里，水浸润到她的胸口，但是她不觉得那么恐怖了。这个暑假，艾米最大的收获就是学会了游泳。这下子，她再也不害怕水了。

对于艾米而言，她并不真的恐惧水，只是害怕小时候被呛水的可怕经历。当她发自内心地接受水，不再限定自己的行动自由，她就渐渐能够亲近水，最终甚至学会了游泳。从艾米的经历上，我们不难看出大多数恐惧都源自于我们的内心，只要我们的内心足够强大，我们就能够坦然面对一切。

在日常生活中你们是否也有深感恐惧的东西呢？不如从现在开始打开心扉，真正接纳这些曾经带给你不愉快经历的东西吧。只要你的心足够勇敢，你就不会被这些来自心底的恐惧打倒。只要你勇敢地迈出了第一步，你会发现一切都不像想象中那么可怕。从现在开始，不要再“自我设想”，你远比你想象的勇敢，你的力量也超乎你想象那般强大。只有打破心中的囚牢，你才能真正抓住人生，把人生变成自己梦寐以求的自由乐园。记住，你永远是自己命运的主宰！

冷处理法，时间治愈一切

很多人在面对生活中突如其来的逆境时，总会手足无措，歇斯底里。实际上，对于逆境，如果不是有特别急需解决的情况发生，完全可以采取转移注意力的方法，实行冷处理。所谓冷处理，是因为人在愤怒冲动的情况下，智商往往降低，此时做出的选择也缺乏理智，根本无法圆满解决问题。倘若能够冷处理，给予自己一定的时间恢复理智，那么也许智商会渐渐恢复原有水平，我们对于问题的解决也会更加合理、圆满。

也许有些朋友会说，冷处理不就是逃避吗？当然不是。逃避是想要永远回避问题，而且不愿意通过努力找到解决问题的方法，但是冷处理只是暂时回避问题，等到情绪恢复平静，理智恢复正常，当事人马上就会积极想办法，尽量圆满解决问题。因而，冷处理是帮助我们给予情绪和智商一个恢复期，避免冲动行事导致更加恶劣的后果，与逃避问题在本质上是完全不同的。

现代社会的生活节奏越来越快，也使得人们每天都要面对各种各样的情况。尤其是女人，从走出家庭，来到工作岗位，变得更加忙碌。一旦遭遇逆境，就像是面对压死骆驼的最后一根稻草，很可能会崩溃。在这种情况下，与其一味地陷入逆境无法自拔，不如转移自己的注意力，给自己时间缓和，从而恢复平静和理智。尤其是很多逆境并非一时之间就能逾越的，换言之，不管我们是努力还是回避，它都需要时间给出答案。在这种情况下，我们更要采取冷处理的方式。试想，假如你即使花费一个月的时间绞尽脑汁也无法解决问题，那么你还有必要在这一个月的时间里都为此浪费时间和精力，也扰乱自己的心情吗？与其自寻烦恼，不如等待时间解决问题，因为时间是治愈一切的良药。

也许还有人会说，即便我强制自己想些其他的，也未必有效果。事实并非如此。人的注意力是有限的，正如人们常说的一心不可二用。当你真正投入地做一件事情，必然要减弱对另外一件事情的关注，甚至彻底忽略另外一件事情。因而，我们唯一需要做的就是找出自己感兴趣的事情，全身心投入，如此冷处理问题也就水到渠成了。

最近，陆羽和谈了三年恋爱的女朋友分手了，是女朋友提出来的。作为被抛弃的人，陆羽简直觉得无地自容，也对女朋友恨得咬牙切齿。他甚至想要报复女朋友，诸如泼硫酸、暴揍等等方法，都一齐涌入他的脑海中。然而，幸好陆羽还有一丝残存的理智，知道这些方法不但会毁了女朋友，也会毁了他自己。为此，他决定采取冷处理的方法，把失恋带来的痛苦搁置一段时间。

他向单位请了年假，带上所有的积蓄，去了心仪已久的丽江。果然，丽江的阳光治愈了他内心的创伤，当他坐在丽江的客栈里嗅着花香晒太阳时，他突然觉得：生活是如此美好，我一定能够找到更适合我的爱人，开始我崭新的人生。十天过去了，黝黑的陆羽带着明媚的心情，回来了。他继续努力生活，认真工作，因为他深信有更好、更合适的人在前面等着他呢！

冲动是魔鬼，假如陆羽在冲动的时候丝毫不控制自己的情绪，而是任由愤怒之火肆意燃烧，那么他终究会引火烧身，悔不当初。幸好，在承受失恋的痛苦时，他还有一定的理智存在，因而能够保持清醒，最终选择采取冷处理的方式来解决问题。他的做法很正确，为期十天的丽江之行完全改变了他的想法，使他再次充满希望、内心明媚地回来了。

一些人很容易因为情绪上小小的波动就放任自己，最终导致歇斯底里。在这种情况下，任何不理智的行为都会导致后患无穷，与其为了图一时之快就放纵自己，不如适当转移注意力，这样至少能够让自己恢复平静和理智。当我们把逆境像镜子上的灰尘一样轻轻拂去，我们的人生也必然更加顺遂如意。

坚定努力，才会迎来命运的转机

众所周知，关于人生，必须努力才能得到回报。因而，我们从小就被教导一定要努力，才能主宰命运，把握人生。殊不知，有的时候我们即使努力了，也未必能够得到应得的回报，为此有些意念不够坚定的人最终选择了放弃。他们的理由是：既然努力了也不一定有回报，我们为什么还要继续努力呢？其实，他们没有想到，虽然努力了未必有回报，但是不努力却一定没有回报。既然如此，为什么不把混沌度过的人生每一天都用于奋斗呢，这样至少还有希望在。

近年来，网络流行一句话，叫“你只管努力，上天自有安排”。的确，对于人生我们每个人都应该调整心态，千万不能急功近利，更不能因为人生中一时的得失就放弃努力。人生是一场艰难的修行，人生的努力也必须持之以恒，才能初见成效。当我们不再急于求成，相信在我们的努力之下，命运一定会做出最好的安排。我们要拥有不功利的人生，才能更加坦然从容，洒脱乐观。

小小是一个来自农村的女孩子，当初拼尽全力努力读书，才实现了鲤鱼跳龙门，来到大城市读书。然而眼看着毕业在即，在学校里品学兼优的小小，却因为没有任何背景和关系，最终处处碰壁。看着那些平日里不如自己的同学，在父母的帮助下都如愿以偿地找到了心仪的工作，小小的心里也觉得很不平静。但小小转念一想，自己其实已经很幸运了，已经离开黄土地，来到繁华的大都市。一想到读大学期间，父母每天都面朝黄土背朝天地辛苦工作，小小就心痛不已，也重新鼓起了勇气。她暗暗告诉自己：我一定要在大城市站稳脚跟，赢得自己的一席之地。

找不到好工作，小小就从清洁工开始做起。看着和自己一样的大学毕业生光鲜亮丽地出入于高档写字楼，小小坚信自己终有一天也会成为他们之中的一员。看到小小把办公室的卫生打扫得那么好，老板渐渐留意到小小。当然，小小在甘于当一名清洁工的同时也丝毫没有闲着，而是一直坚持利用下班时间参加计算机培训班和英语提升班。就这样，一年之后，小小完全实现了华丽蜕变。那天，公司里来了外宾客户，但是因为临时聘用的翻译还没有赶到，老板急得抓耳挠腮，这时，小小以一口流利的英语帮助老板解了围。当天下午，老板就宣布提拔小小为助理。从此之后，小小的人生也与众不同了。

一个大学毕业生当清洁工，换做其他人，也许早就万念俱灰，放弃努力了。但是，小小始终在努力，而丝毫没有想过这样的努力一定能够给自己带来怎样的命运转折。她很清楚一点，知识改变命运，如果自己还不能实现这一点，那么必然是因为自己还不够博学多才。为此，她利用工作之余提升自我，完善自我，终于得到千载难逢的好机会展现自我，因此她得到晋升也是情理之中的。

生活中，太多的人因为努力得不到回报，就目光短浅地放弃努力。其实，我们唯有坚定不移地做好自己该做的事情，才能迎来命运的转机，也才能得到更多千载难逢的好机会。正如人们常说的，机会总是留给那些有准备的人。如果你此刻还没有准备好，那么就请像小小一样，只管努力吧，要相信命运一定会做出最好的安排！

第03章

情商高的人不惧挫折，人生就是要战胜坎坷

人生旅途中总有许多必不可少的挫折，有的人在挫折中勇往直前，有的人知难而退，还有的人没等挫折来临就先放弃了。情商高的人从来不惧挫折，因为他们知道人生就是要战胜坎坷。

没有绝处逢生，就没有柳暗花明

在这个世界上，没有丑，就无所谓美；没有苦，就无所谓甜。在每个人的人生旅途中，没有颠沛流离，就无所谓安宁舒适，没有绝处逢生，就没有柳暗花明。因而，每个人行走在人生的旅途中，都应该摆正心态，端正态度，这样才能不抱怨，不纠结，如愿以偿地顺着人生的路径不断前行。

也许你已经经历的人生一帆风顺，从未遇到过任何挫折和阻碍，也许你已经经历的人生充满坎坷，导致你从未感受过幸福的滋味。然而你必须，无论你曾经经历过的人生是怎样的，你都必须勇敢面对，因为这些是你人生的一部分，无法剔除，更无法逃避。而且，随着时间的流逝，当你从伤痛中恢复过来，再扭过头去看时，你会发现你要感谢这样坎坷的命运，因为如果没有它，就没有今天的你。这也就意味着，今天优秀的你不但得益于父母的精心养护和老师的悉心教诲，也得益于这些不期而至、不请自来的坎坷磨难。从某种意义上来说，它们对你的成就作用最大，在你的人生中也最不可或缺。

人生是一条漫漫长路，没有尽头。尽管我们每个人都在这条路上行走，然而除了死亡之外，无一人知道注定的人生终点是什么。因而我们走得小心翼翼，如履薄冰，胆战心惊。试问，有谁在一生之中全都是顺心如意，从未有过艰难挫折？试问，又有谁能够保证自己的人生永远是黑暗，再也没有阳光明媚的日子？因而，无论是顺境还是逆境，无论是阳光还是阴霾，我们都要坦然面对，因为时间的脚步永不停歇，我们的人生也不会止步不前。

很多时候，我们只看到成功人士的光鲜亮丽和他们身上的耀眼光环，却没有想到，他们在成功之前和背后，付出了多少努力和心血，又饱尝了多少艰辛。其实，在人生的道路上，一时的伤痛并不可怕，最可怕的是我们因为遭受挫折而沉沦的心。尤其是脆弱的人，更应该让自己变得强大起来，因为只有成为人生中真正的强者，才能成为命运的主宰，也才能成为一艘永不沉没的船。

迎难而上，成为真正的强者

就像一年之中总会有春夏秋冬一样，人生也是有不同季节的。在春风煦暖的春日，万物萌芽，春暖花开，生命也尽情舒展开来，享受暖风熏得游人醉的快乐。而一旦到了冰天雪地的冬季，人们面对寸步难行的人生逆境，总是愁眉苦脸，忧思重重。有些胆小怯懦的人，就此被困难吓倒，仓皇而逃，人生也就失去了逆袭的机会。只有真正的强者，才能战胜这生命的严寒，以不屈的精神打破坚冰，从而彻底战胜困难，帮助生命顺利度过寒冬。

对于任何人而言，逆境都是检验强者的标准。所谓行百里者半九十，意思是说，在长途跋涉之后，如果最后几步不能坚持下去，导致无法到达终点，那么就会前功尽弃，一切的努力都会付诸东流。因而，如果在人生中春风得意的时候自以为是，却在遭遇坎坷挫折的时候无法继续坚持下去，就会导致人生也半途而废。逆境之中，就像是百米冲刺一样，最后几步必须付出全身的力气战胜疲劳的阻碍，努力冲刺，才能获得不错的成绩。由此可见，我们必须迎难而上，成为人生真正的强者。

生活中不乏有人一看到艰难坎坷的困境就心生畏惧。他们先是恐慌，接下来又陷入深深的绝望之中，最终垂头丧气，斗志全无。其实，逆境恰恰是考验我们的时刻，我们只有勇敢地面对逆境，才能真正跨越人生的艰难险阻，一往直前。朋友们，无论人生面对何种境遇，作为真正的强者，我们都要扬起信心的风帆，马力十足地朝着理想的彼岸驶去！

让未来的你，感谢现在拼命的自己

许多年轻人觉得自己很平凡，能力很普通，先天条件的欠缺导致他们对自己丧失了信心，在他们看来，不管自己如何努力，最终都只会成为一个平庸的人。既然抱着这样的想法，他们就已经不想去努力，只是浑浑噩噩地生活着，甚至有的人选择了自甘堕落的生活。然而，年轻人浑然忘记了成功的路从来不是一帆风顺，许多人也曾迷茫过，也曾不知道未来究竟在哪里。但是，李嘉诚却以自己成功的经历告诉我们：相信梦想，梦想自然会回馈于你，努力比任何东西都来得真实，用坚韧换机遇，用时间换天分，哪怕走得很慢，但终会抵达。

父亲去世之后，李嘉诚不得不挑起养家的担子。在那个兵荒马乱的香港，找份工作确实不容易。在多次碰壁之后，李嘉诚总算在一家茶楼找到一份堂倌的工作。但是，这份工作对于年仅14岁的李嘉诚来说确实不容易，他每天凌晨五点就必须赶到茶楼准备一天的工作。由于他是茶楼里地位最低的堂倌，当其他伙计可以休息的时候，他还要待在茶楼随时听人差遣。而晚上等到下班休息，往往已经是后半夜了。

尽管辛苦，但李嘉诚却特别珍惜这份工作，他勤快机灵，很快得到了老板的青睐，成为加薪最快的堂倌。不过，在茶楼工作的他并不满足于现在的处境，他希望能学到更多的东西，以备未来所用。所以，在一边勤奋工作的同时，他也勤于动脑。在为客人服务的时候，他可以根据茶客的特点，了解对方的年龄、籍贯、职业、财富、性格，并找机会进行验证。不然就是揣摩顾客的消费心理，并训练出察言观色、见机行事的本事。

所以，尽管在外人看来这是一段艰辛的日子，但成年后的李嘉诚回忆起来，却别有一番成长的乐趣。

我们都听过龟兔赛跑的故事，兔子机灵，跑得快，它以为自己胜券在握，所以它安心地睡起了大觉。谁知道看起来慢吞吞的乌龟，却以自己百倍的努力以及坚持不懈的精神最先达到了终点。谁能笑到最后，还真是不一定。

大学毕业后，威廉的求职战役正式打响了，他向大部分知名企业投递了大概20多份简历。那真是一段不堪回首的岁月，他天天跑招聘会，但自己的努力却看不见任何回应，那些投递出去的简历石沉大海杳无音讯。好不容易有一家公司通知面试，但在找工作的路途上依然是曲折坎坷。

威廉在笔试上失意过，在群面时因插不上话而被刷掉，和许多求职的年轻人一样，他曾经历过低谷期，但他始终努力着。遇见太多糟糕的事情，他反而觉得一切都会慢慢好起来；情绪太过糟糕，他反而知道应该如何来梳理情绪；了解了自己的缺点之后，他反而知道什么工作才是最适合自己的。在每一次求职失败后，威廉都会反思自己的缺陷和不足，总结失败的经验，从来没有放弃过努力。

威廉说："天赋决定了一个人的上限，努力则决定了一个人的下限。"许多年轻人根本没有努力到可以拼搏天赋的阶段，就已经放弃了，威廉深知自己没有一步登天的天分，所以只能用努力的时间来换取天分。

当然，最后威廉如愿找到了一份好工作，但这与他平时的努力是分不开的。

成功恰巧就是运气撞到了努力而已，努力永远不会有错，即便现在无法感受到努力的回报，但未来的一天你总会有用。选择自己喜欢的事情，然后努力到坚持不下去为止，相信梦想，更要相信努力，因为遗憾比失败更可怕。

1.拥有坚持到底的决心

当年轻人在追逐梦想的时候，这个世界总会制造许多挫折与困难来阻挡你，残酷的现实会捆住你的手脚，但其实这些都不重要，重要的是你是否有努力到底的决心。

2.用努力换天分

平庸并不可怕，可怕的是永远平庸。既然上帝没有给予天分，那我们就用后天的努力来弥补。越努力越幸运，如果你觉得自己平凡，那就用努力换天分。当然，在这个过程中，我们要始终相信努力奋斗的意义，让未来的你，感谢现在拼命努力的自己。

坚持不懈可以让你在失去动力的时候帮助你继续你的行动，这样可以让结果渐渐好转。坚持不懈最终会产生它的动机。仅需你保持你的努力，最终就会得到回报，这个回报可以为你带来强大的动力。

经历枯燥与痛苦，才能收获成功果实

不管做什么，人都必须在事情上多多磨练自己才能受益，如果只是想着停留在安逸舒适的环境之中，不在复杂的环境中去磨练，那么遇到事情就会慌乱，最终无法成功。有一句名言：“请享受无法回避的痛苦，比别人更早更勤奋地努力，才能尝到成功的滋味。”只有忍耐风雨，才会等来彩虹。自古以来许多卓有成就的人，大多是抱着不屈不挠的精神，忍耐枯燥与痛苦之后，从逆境中奋斗挣扎过来的。在人生的道路上，我们常常会遭受不同的挫折与困难，面对挫折，人们有着不同的理解，有人说挫折是人生道路上的绊脚石，有人却说挫折是垫脚石，所谓“百糖尝尽方谈甜，百盐尝尽才懂咸”。与河流一样，人生也需要经历洗练才会更美丽，经过了枯燥与痛苦之后，才能收获成功的果实。

22岁那年，无论老板如何赏识和挽留，已经感受到塑胶制品业蒸蒸日上的李嘉诚，执意要另立门户，进入新兴的塑胶行业。他动用自己多年的积蓄，并向亲友筹借5万港元租了一间厂房，创办了长江塑胶厂，毅然走上了创业之路。这样说干就干的行动力，体现了他的独立性和坚定果断。

独立创业后不久，初尝几次成功甜头的李嘉诚，也不可避免地遇到了创业的坎坷。他的塑胶厂一度濒临破产，用了5年时间才慢慢有所好转。但不管如何艰难，李嘉诚拼尽全力，始终没有放弃。这份坚持，这正是源自他超强的抗压能力。

咬牙坚持终于为李嘉诚赢得了转机。1957年，精明的李嘉诚亲赴意大利学习塑胶花制造技术，千方百计搜集相关的技术资料。又购置了大量塑胶花样本带回香港，不惜重金聘请专业人才进行研究，同时通过市场调查，确定了进行大规模生产的塑胶花品种。这是李嘉诚成为香港塑胶花大王的开端，从塑胶花中，李嘉诚掘到了第一桶金。

人生因充满坎坷的历练才变得多姿多彩。也许我们都不欢迎磨难的到来，但当它与你不期而遇时，请不要掉头或转向。磨难是一个魔鬼，一旦它看上你，就会对你穷追猛打，不舍不弃。选择躲避甚至逃跑的人，只会被它欺负得更加悲惨。

凡成大事者，必须经得起磨难的历练，经得起失败的打击，成功需要风风雨雨的洗礼。一个有追求、有抱负的人，总是视挫折为动力，有一句话说的好："能受天磨真铁汉，不遭人嫉是庸才。"所以说：磨难对于天才是一块成功的跳板，对于强者是一笔宝贵的财富，而对于弱者，就是使之坚强的臂力器。

曾有人说：成功的人生是痛苦与失败的交织，是磨难与顺利的交替。卓越的人生从卓越的目标开始，卓越目标的背后必然是充满荆棘和坎坷的路。经受了荆棘的刺痛和坎坷的摔打，追求成功的意志才会坚强起来。历练是人生不可多得的宝贵财富，拥有了这笔财富，就没有什么困难不能克服，没有什么曲折可以把人击倒。丰富的人生历练是走向成功的奠基石。

拥有18亿元身价的俞敏洪是新东方教育集团的创始人。1980年经过两次高考落榜后，俞敏洪考入北京大学外语系，在北大读书，俞敏洪不会吹拉弹唱，不会说普通话，他经常得到的就是老师和同学的"白眼"。英语老师评价俞敏洪说："只能听懂俞敏洪三个字，鹦鹉都不如。"这些刺耳的话语令他刻骨铭心。之后，他一天十几个小时的狂听狂背，创纪录地熟练掌握了 8 万个英语单词。

1984年俞敏洪留校当了教师，却依然被边缘化。六七年之后，为了赚取出国学费，俞敏洪就到校外的民办外语培训机构教课，被北大发现后受到了严肃的通报批评。他愤然辞职开始了新东方创业历程。他租用中关村二小的一个小平房，俞敏洪自己拎着糨糊桶，不得不在零下十几度的冬夜到处张贴招生广告。1995年，新东方急速膨胀发展起来，拓展了业务领域，完成了向现代公司的转变。到年底时，在校学生数已经达到千人的规模。

据公开资料统计，现在每年有近1000万人在接受着新东方的英语培训。2005年9月7日，新东方成功登陆纽约证券交易所，发售了750万股美国存托凭证，一举融资额为1.125亿美元。新东方成了第一家在海外上市的中国教育培训公司，俞敏洪成了有史以来中国最富有的教师。

俞敏洪的成功是历练的结果。其坎坷不平的人生道路造就了俞敏洪不屈不挠的性格，造就了俞敏洪踏实前行的人生之路。他的经历告诉我们，成功的人生必然要接受艰苦的历练。人生旅途道路曲折，有高也有低，有起也有落，挫折是客观存在的。有人说，人生是由幸福和痛苦组成的一串珍珠，谁也无法回避四季的风雨冰霜。逆境只能使成功者受到历练，除此之外不会有任何伤害。要有一种战胜挫折的信心和勇气，锻炼人的品质，磨砺人的意志，激发人的智能，增长人的才干，显露人的本色。

命运赐给我们机遇和幸福，同时也给我们缺憾和苦难，我们没有必要畏缩自卑，更没有必要怨天尤人，用坚强的意志和刚毅的态度对待磨难，用豁达的心态对待生活，就会多一些希望，多几分幸福。

懂得弯腰，才会挺得更直

每个人都有这样的经验，当你弯腰下去，那么下一个动作就是有力地站起来。这两个看起来很迅速的简单动作，在人生的道路上却显现出不同的姿态。弯腰，在许多人看来这好像很没有骨气，会让人联想到那些阿谀奉承、溜须拍马的嘴脸，自然还会想到那些宁折不弯的傲然风骨。五柳先生的气节，不为五斗米而折腰；将士们的坚硬，士可杀而不可辱。这些都让人们对“弯腰”嗤之以鼻，而颂扬那宁折不弯的气节。

其实，在很多时候，人们都有这样认识的误区。韩信曾受胯下之辱，因为弯腰而成就了伟业；勾践卧薪尝胆，因为弯腰而复兴了国家；司马迁受宫刑之辱，因为弯腰而写下了史家之绝唱。即便是那位赫赫有名的刘皇叔，也曾寄人篱下，寻求庇护，因为弯腰而成就了霸业。难道他们都是没有骨气的人吗？当然不是，真正有骨气的人，是不拘小节，放得下架子，能在适当的时候弯腰，能为了难以忍受的屈辱而弯腰，只有他们才能够成就大事业。所以，当他们懂得了弯腰，就会有力地站起来，因而弯腰是为了挺起而做准备。

小王大学毕业后，为了锻炼自己的能力、积累社会经验，他一直在做业务方面的工作。这样，逐渐地积累了一些经验，他为了更好的发展，跳槽到一家大型公司的业务部，他所担任的职位是协助新来的业务经理开展工作。那个业务经理也是新人，刚到公司一个多月。小王在工作中与他相处了一段时间，就发现那位经理不但在工作中存在着许多问题，而且脾气也很臭。他业务能力很差，几乎都是依靠下面的业务员拿业绩，而且心胸狭隘，也不懂得尊重人，总是带着命令的口吻与下属讲话。如果工作中不小心出了错，他也不会顾及你的颜面，当众就把你教训一顿。因此，许多业务员实在受不了，和他发生了争执就辞职走人了。

面对这样的经理，小王心里也很窝火，因为他自己也经常被训斥。但是，他并没有发作，而是始终赔着笑脸，因为他心里很清楚，摆在他面前的只有两个选择，要么和他大吵一架，然后走人；要么就是忍辱负重，等待时机。聪明的他选择了后面一个选择，半年以后，公司高层也发现了业务经理的问题，通过调查，认为他不适合做业务经理，就找了个理由把他辞退了。而小王，因为一直表现不错，被公司任命为业务经理，这下子，小王如鱼得水了，很快把业务开展了起来，为公司创造了很大的经济效益，赢得了公司上上下下的尊重。又过了几年，他被提拔为主管业务的副总经理，过上了有房有车的生活。每当谈起这一切的时候，小王就不无感慨地说："我能有今天，就是因为我当初懂得弯腰而没有意气用事！"

在每一个人的成长过程中，难免会遇到一些坎坷与挫折，遇到一些不尽如人意的事情，在这个时候，懂得弯腰，以一种隐忍的沉默来面对，以一份从容的心态去面对眼前的境遇，这就是一种曲中求直的境界，是一种审时度势大智若愚的胸怀。弯腰并没有什么过错，只要你没有丧失志向，就有东山再起的机会。小王懂得了弯腰，在隐忍之后，他迎来了事业的春天。

人生的旅途上，并不可能一帆风顺，总是坎坷不平，有高峰，也有低谷，漫步在这样的人生中，我们肩负着沉重的包袱，压得透不过气来。从小到大，我们被教导着“永远不要趴下，站直了”“做一个顶天立地的人”，但深刻的佛学思想却启发出一个简单而又深奥的道理，那就是学会弯腰。

据说，印度的孟买学院是世界上最著名的佛学院之一，这个学院历史悠久，有着辉煌的建筑，也培养出了许多著名的学者。另外，孟买学院有一个细节是别的佛学院所没有的，那就是在大门的一侧又开了一个仅有一点五米高四十公分宽的大门，所有的人都能轻易地进入，只要他弯着腰。虽然许多初到学院的人感到不解，但之后都无一例外地承认，这个小小的细节让他们受益无穷。

弯腰，是为了让自己的腰板挺得更直。宁折不弯是值得称赞的，然而，如果只是为了争一口气而宁折不弯，只是为了面子，那就僵化了那种高尚的气节。弯腰并不是一种耻辱，它也激发你的斗志，让你变得越来越强大。弯腰是一种智慧，这样的智慧会伴你走过人生路上的那段风雨，迎来另一番彩虹绚丽的天地！

感谢失败，让你获得了经验

爱默生曾说：“每一种挫折或不利的突变，是带着同样或较大的有利的种子。”失败只是一个糟糕的结果吗？当然不是，大部分人看到的失败只是最后的结果，却没有看到在失败过程中所积累的经验与教训，换而言之，失败的背后往往藏匿着一些宝贵的经验。当然，对于能够及时从失败中学得东西的人而言，失败确实是不可或缺的财富。大部分人在遭遇失败后，一蹶不振，主要原因在于他们的负面情绪已经掩盖了失败的价值，所以像无头苍蝇一样乱窜，最后只能继续失败。面对失败，我们需要做的并不是自甘堕落，自暴自弃，而是不断积累失败的经验，让失败成为一笔财富。

杰出的音乐家贝多芬在与外界声音隔绝之后，坚持音乐创作并获得了巨大的成功；只受过三年正规教育，被老师认定是一个智力迟钝的学生——爱迪生，在经过不懈的努力之后，他成为了最伟大的发明家之一。哈佛告诉我们：失败并不可怕，只要你在失败中不断地积累经验，终究能将失败变成财富。只要我们能改变心态，把每一次的失败都当作考验自己的机会，把它当作超越自己的一次机遇，那么，我们就不会沉浸在痛苦里，甚至感谢失败让我们看清了真相，获得了经验。失败会让人变得成熟，它是人生的一笔宝贵财富。

1.逆境使人奋进，苦尽才能甘来

逆境总使人奋进，只有经历了逆境，才能迎来彩虹。人生路漫漫，成功并没有固定的样式，追求也没有尽头。路途中短暂的鲜花和掌声会帮助我们赢得更多的信心，但也会让我们满足于此，内心的斗志也会因此消减。失败后，哪怕痛心也会重新站立起来，这样的经历会让人更加坚定追求到底，鼓足勇气，重新追回属于自己的东西。

2.失败是成功的前奏

失败是成功的前奏，失败是一笔财富，失败能够使人不断地反省自己，在逆境中奋进，在低谷中抓住机遇，不断冒险与尝试，最后采摘成功的果实。日本著名实业家原安三郎曾说：“年轻时赚一百万的经验，并不能成为将来赚十亿元的经验，但损失一百万的经验，倒可以培养赚十亿元的经验，逆境是锻炼人才最好的机会。”

一个不能认识和接受失败的人，也无法看清楚成功的本质，从失败的教训中学到的东西，往往比成功中学到的还要深刻。成功，总是在经历多次失败之后才姗姗来迟，正确面对失败，才是走向成功的重要素质和能力。

第04章

情商高的人懂得知足，凡事别求太圆满

人生不如意之事十之八九，可以让我们完全满意的事情总是很少，生活告诉我们，开心是一天，不开心也是一天。情商高的人懂得知足常乐，常怀一颗感恩的心，所以总是与快乐相伴。

倾心付出，享受助人的快乐

赠人玫瑰，手有余香，这份快乐只有真诚善良、乐于助人的人才能得到，也才能深刻感受其中蕴含的神奇力量。在这个世界上，虽然每个人都是完全独立的个体，但是人与人之间并非彻底隔绝的。尤其是在现代社会，不管是生活中，还是工作中，每个人都不得不与其他人打交道，可以说倘若一个人缺乏人际交往能力，在现实之中就会寸步难行。可想而知，人际交往能力有多么重要。然而，生活中不乏自私的人，他们总是明哲保身，事不关己，高高挂起。可以断定，他们从未品尝过帮助他人的乐趣，也因而永远无缘这份快乐。

有的人总是斤斤计较，在与他人相处过程中把付出和收获计算得非常清楚。实际上，付出和收获之间未必是正比关系，因而很多人不愿意付出。其实，回报的形式是多种多样的，在帮助他人的过程中，我们虽然未必能够得到他人切实的回报，但是我们因为乐于助人得到的满足和欣慰，是任何回报都不可相比的。因而，我们应该发自内心地认识到付出的意义，也因而更加心甘情愿地对他人付出。唯有如此，我们才能是快乐的。

很久以前，有个穷困潦倒的小男孩为了给自己挣够学费，不得不在寒冷的冬日里四处推销产品。当时，天寒地冻，大雪纷飞，小男孩又冷又饿，几乎无法继续支撑着自己走下去。他的内心满怀绝望，因为整整一天的时间里，他没有推销出去一件商品。好不容易，他才拖着沉重的步伐来到一户人家的门口前。他犹豫再三，敲响了门。

过了片刻，一个年轻的女孩打开门，小男孩有些不知所措，他支支吾吾地说："您好，请问可以给我一杯水喝吗？"女孩上下打量着男孩，似乎看出男孩又冷又饿，因而她毫不迟疑地点点头，转身走进屋子里。等了大概有几分钟，女孩才端着一大杯牛奶回来了。男孩双手捧着这杯热乎乎的牛奶，心中感动不已。他一小口一小口地喝完牛奶，整个人似乎都暖和起来。他不好意思地问："请问，我应该付你多少钱？"女孩摇摇头，说："不用付钱。奶奶告诉我，赠人玫瑰，手有余香。"男孩再三表示感谢之后，离开了。

此时此刻，他浑身都充满了力量，刚才还困扰着他的那些消极想法，全都不见了。他发誓一定要读完大学，让自己成为对社会有所贡献的人。果然，十几年后，男孩已经从医学院毕业，进入一家知名医院，成为一名医生。此时，当年曾经帮助男孩的女孩如今已经成为妇人，她身患重病，每天都痛苦不堪，即便跑遍了当地所有的医院，也没有得医治的办法。医生们全都对这种怪病束手无策。后来，她不得不辗转来到这所位于省城的大医院，在此寄予最后的希望。

当男孩参加会诊，看到病患与自己同乡时，他的心中不由得怦然一动。他突然想起了当年的那个女孩端给他一杯热乎乎的牛奶，因而他赶去病房，一眼就认出了她。男孩马上作为主治医生，为她制定了详细周密的治疗计划。一个多月后，她完全康复了，但是当看到护士拿来的治疗费用单时，她不由得一声哀叹：即便卖掉房子，她只怕也无力支付这昂贵的手术费。然而，当她看到最后一行时，不由得热泪盈眶，因为在结算那一栏里赫然写着："医药费——一杯牛奶。"

当年轻的女孩把一杯热牛奶端给又累又饿的男孩时，一定是不求回报的。她帮助了他，从中得到了莫大的欣慰和满足，这于她而言就是最好的回报。然而，她给予他的不仅仅是一杯热牛奶，对他而言，那更是希望、勇气和力量。正是因为这份温暖，使他下定决心排除万难，最终才从医学院毕业，成为一名优秀的医生。

即便如此，命运依然安排他们在特殊的情况下重逢，心怀感恩的男孩不但以高超的医术挽救了她的生命，还帮助她结清了所有的治疗费用。其实，爱的力量是能够传递的。举个最简单的例子来说，假如我们在地铁上给需要的人让座了，他们的心里必然受到感动，也觉得温暖，当然，也许在茫茫人海中他们不会再遇到我们，回报我们，但是当看到其他需要帮助的人时，相信他们会把我们爱的力量传递出去，也给予那些人以慷慨真诚的帮助。这样一来，我们的爱岂不是有了丰硕的收获？让我们成为在人世间撒播大爱的使者吧，相信命运终究会给予你意外的惊喜！

欲望越少，快乐越简单

每个人都有欲望，孩子想要吃到更多的糖果，成人想要拥有更充裕的金钱和物质，帮助自己改善生活，男人希望拥有一辆豪车，女人喜欢住大房子，老人盼望着自己身体健康，能够长命百岁……总而言之，不同的人有不同的欲望，尤其是在现代社会，物质极大丰富，各种奢侈品层出不穷，更导致人们陷入欲望的深渊，自制力差的人甚至成为欲望的奴隶，被欲望驱使着不断向前。在这种情况下，人生还谈何快乐呢？

从本质上说，欲望与快乐的关系是成反比的。也许有些人会说，当我的欲望都被满足了，我就会觉得快乐。其实不然。一个人的欲望就像是无底的深渊，当一个欲望轻而易举得到满足之后，很快又会衍生出其他的欲望，如此一来，欲望就会不断增多，变本加厉，无休无止。因而要想让快乐与欲望扯上什么关系，绝不是无底线地满足欲望，而是努力控制欲望，成为欲望的主宰。唯有如此，我们才能通过满足合理的欲望得到快乐，也才能成为人生的掌舵手。

高情商的人深知欲望的贪婪和恶劣，因而从来不会无限度地放纵自己的欲望。他们虽然也想要时髦的衣服、高档的化妆品，但是他们更知道人生的快乐不是依靠物质堆砌而来的。他们更注重自己的内心，更在乎经营自己的精神世界，因而他们崇尚简单的物质生活，而自由地追逐灵魂的腾飞。他们的快乐来自深藏着的内心，所以他们的快乐很纯粹，绝不虚伪。

对于生活，思彤有着无数的欲望。记得早在大学刚毕业时，人生地不熟的思彤独自一人来到陌生的大城市打拼，远离父母和亲戚朋友，举目无亲。当时，她住在狭小逼仄的地下室里，除了一张床，只有一个小小的行李箱。她最大的愿望就是能够租一个房间独自居住，这样至少有隐私的空间可言。后来，她找到工作，从领取第一个月的薪水开始，她就不再和别人挤在一间地下室里，她自己租了个半地下，拥有独立的空间和新鲜的空气，当时的她觉得幸福极了。后来，随着事业不断发展，她居然开始与同事合租单元房，而且是带卫生间的主卧。巨大的幸福感袭来，思彤乐不思蜀，尽情享受着洗澡没人催促的日子。

时间渐渐流逝，思彤的生活也水涨船高。如今的思彤已经结婚了，有一个爱她的丈夫，还有一个可爱的儿子。他们一家三口住在宽敞的属于自己的三居室里，生活无限美好。但是思彤却感受不到幸福，因为她早就眼馋同事家住的大别墅了。有段时间，思彤整日缠着丈夫卖掉房子，从银行按揭几百万买别墅。丈夫怒斥她："你疯了吗？从银行按揭几百万，咱们的工资收入还不够还月供的，难道一家三口都喝西北风去吗？"然而，思彤已经着魔了，整日梦想着自己住在大别墅里的生活，渐渐的，她对老实本分的丈夫越来越看不顺眼。

终于，在孩子三岁的时候，思彤和自己的顶头上司——公司的副总好上了。她如愿以偿地搬进了大别墅，一开始的确觉得自己像个贵妇人，但是想到年幼的儿子只有粗心的爸爸照顾，而失去了妈妈的用心呵护，她就心如刀绞。看着空荡荡的别墅，她开始怀念她们一家三口在三居室里幸福快乐的时光。

在这个事例中，思彤原本非常成功地在大城市站住了脚跟，为自己赢得了一席之地，这一切对于普通人而言不可谓不成功。但是思彤却被欲望裹挟着，失去了理智，最终为了追求荣华富贵，抛弃丈夫和孩子，搬进了大别墅。难道她得到梦寐以求的快乐了吗？当然没有。金钱的富足也许会使她暂时感到满足，但是当精神变成一片荒原，她最终还是感到追悔莫及。毕竟，房子再大也不如家带给人温暖，有钱的男人再显赫，也不如真爱自己的人那么贴心。作为女人，一定更要知道自己真正想要的是什么。正如古人所说，鱼与熊掌不可兼得，只有在抉择时保持明智和理性，我们才不会因为错过而后悔。

你们是否也曾无数次在展示时装的橱窗前流连忘返？你们是否也曾经被欲望裹挟着，不知道人生的路该往哪里去？看完这篇文章，你们一定要扪心自问：我想要怎样的生活。唯有确定这个问题，你们才能真正获得梦寐以求的幸福。生活，需要恬然，需要淡定，尤其是在整个社会都日益浮躁的今天，我们更应脚踏实地地面对人生中的诸多挑战，这样才能在人生之中驶过浅滩急流，到达鲜花遍野的美妙境界。

学会知足，懂得满足

也许每个人都曾问过这样的问题，幸福到底是什么？大多数人也许认为，拥有名利地位、拥有奢华的生活就是幸福。而实际上，幸福是简单的，有时候，夏日里的一丝凉风、冬日里的一件棉衣就是幸福。但无论如何，不懂得知足的人是无法感受到幸福的。正如有人说过："一个人的快乐，不是因为他拥有得多，而是因为他计较得少。"

我们的生活中，人们都有自己追求的目标，都希望能早日达成自己的目标，而一旦实现以后，人们常把放松的心情，解释为幸福。好像事情越难做，成功后的幸福感就越强。不可否认，这种解脱，让我们感到真实的快乐，但事实上，它并不是真的幸福，而是"幸福的假象"，而正是对幸福的错误理解，导致了一些人在人生道路上不停地追逐，不懂知足，而最终，他们错过了很多沿途的风景。

陈云在一家事业单位工作，在外人看来，她拥有一份好工作，有个好丈夫，有个可爱的孩子，是个幸福的女人。可是，一直以来不知道为什么，她总是那样的闷闷不乐、郁郁寡欢。直到经过一次事情之后，她心中的那些郁结都打开了。

那次，一个在深圳打工的姐妹为了能让她快乐起来，就邀请她去深圳玩一趟。千里跋涉，坐了一天一夜的火车。在一个阳光灿烂的清晨，灰头土脸的陈云终于出现在来车站接她的好友面前。看到朋友衣着得体，容光焕发的样子，她更觉得自己卑微。

和朋友见面后，朋友和陈云聊起了自己刚来深圳的那段日子。那年，她独自一人来到这人生地不熟的大城市。初来乍到的她，东奔西跑了好多天，但却找不到一份工作，眼看带来的钱越来越少，她急得焦头烂额。这时，有个好心的人告诉她，某地有个叫张奶奶的老人，办了一个让外出人员临时居住的地方。在那儿住一个晚上只要两元钱，便宜！

朋友找到了那里，住了下来。后来才在一个工厂找到一份活儿。做了几个月，觉得活儿重，又没多少钱，就不想做了。后来，有个工友说："你如果有那么三两万的，就去把当地人的出租房包下来，再租给外出打工的人，做个二房东。如果运气好的话，能挣一些钱的。"受此点拨，她心动了。于是，从亲朋好友那儿借了一点，加上自己的一些私房钱，第一次包了一幢房子来管理。一年下来，除了开销还真挣到了两万多块的钱。脚跟站稳后，她把那下岗的哥哥和在家中务农的表姐表弟们都带出来了。

说着说着，朋友就带着陈云来到刚开始她住的地方。到了那个地方后，陈云看见一个弄堂，一扇大门大开着，简陋得有点零乱的房间里铺满了草席和被子。有几个妇女正席地而坐，在那儿边聊天，边打着毛衣。聊到高兴处还哈哈大笑起来。陈云想，住在这有点像《包身工》住的地方也笑得出来？真不明白她们是怎么想的。

陈云忍不住就问其中一个妇女："你们出来打工，住这样的地方不觉得苦吗？"女人听了这没头没脑的话，就上下把陈云打量了一下，才说："我不感到有什么苦呀，比起那些成天躺在床上，连吃饭拉屎都要靠别人的人来说，不知要幸福多少倍！……怎么说呢？我们有力气，能干活。能吃能睡，能说能笑。多好！"经过交谈才知道，女人来自贵州，先是在一家医院侍候一位瘫痪病人，不久前那位病人过世了，又正逢要过年了，找不到事做，就住到这儿来了。女人几句朴实无华的话确实让陈云感动。

现在的陈云已经变得开朗、快乐多了。时过境迁，她经常会想起那个贵州女人的话。

看来一个女人的幸福和快乐与否，并不在于她生活的环境有多好，也不在于她的金钱有多厚，学识有多高。而在于她的心境，心境好了，哪怕你一无所有，也会因为拥有清风明月而幸福而快乐。就像那位贵州妇女，生活在那样的苦境中，也能拥有一丝美味所带来的欣喜，觉得自己是快乐幸福的。

诚然，人因为有追求才会有进步，否则就是行尸走肉！但凡事有度，如果太过专注那些虚无缥缈的追求而忽视了眼前的东西，那就本末倒置了。毕竟，不是每个人都能成为比尔盖茨，也不是每个人都能成为商界精英、政界豪客。所以，要想活得轻松，活得快乐，就要学会舍得，舍弃那些束缚自己的事与物，舍弃永不知足的欲望，这样你收获的就是一颗平常心，一份淡然的快乐！

那么，我们该如何体会知足的幸福呢？

1.比较法

比如，当你认为你的物质生活得不到满足、当你认为房子不够大、当你认为你的车子不够豪华、当你为买不起LV包包而焦躁时，你想过没，还有多少和你同样的人却正在为房子忧愁、为明天的家庭开支担忧、为了一个几十元的包包与店铺老板砍价？这样一比，你可能觉得自己其实是幸运的，也就不再为那些外在的物质生活而忧愁了。

2.注重精神世界的充盈

细心的你也可能发现，那些爱看书、听音乐、旅游的人，他们看起来笑得更舒心，因为他们的业余生活是丰富的、充足的，他们不会为那些虚无缥缈的物质生活烦恼，他们满足于现在的幸福生活。因此，丰盈精神世界是克制我们的欲望的良好方式，比如，你可以把周末逛街的时候拿来学习英语、练瑜伽、读名著等。

德国哲学家叔本华曾说过：“我们很少想到自己拥有什么，却总是想着自己还缺少什么！不要感慨你失去或是尚未得到的事物，你应该珍惜你已经拥有的一切。”懂得珍惜，最为可贵，善于知足，最为幸福。当一个人珍惜了生命，生命便会长久，当他珍惜了家人、朋友之间的情感，他便能在友善的交流中，获得快乐与更多的幸福。真正的幸福不是你每天得到了一些什么，而是每天你都能对自己拥有的一切，怀抱着一颗满足、感恩、珍惜的心，如果我们能够保持着这种态度来对待生活中的每一天、每件事，那么，即使人生中有摆脱不了的悲苦、辛酸，我们也能让它们转化成有价值、有意义的事。

别急，慢活的人生更有趣

人们常说，生命的意义不在于其长度，而在于其宽度和高度，这句话是对生命意义的高度抽象化的概括。我们一直在苦苦地思索着怎样才能使生命有意义，这其实也很简单，那就是树立一种积极、达观的生活态度。然而，现实生活中的很多人，他们一直信奉勇往直前的原则，向往着未来的、他人的生活，于是，他们总是在马不停蹄地追赶，但时过境迁，等他们青春年华不再时，才知道自己已经错过了生命力最美的时光。

有个成功的企业家，他的成功可谓是一路艰辛。他从十几岁就开始给别人帮工，每天都是早起晚睡的，整天都是忙忙碌碌，好像他就没有休息过，也没有参加过任何的娱乐活动，那段日子，他的梦想是，将来自己有一间铺子就好了。

几年后，他终于开了一间铺子。生意不错，此时，他告诫自己，自己的生意，更不能放松，于是仍然起早贪黑，匆匆忙忙，休息时间更少了。他想，等将来生意做大了就好了。

又过了几年，他的生意果然做大了，拥有了数间很大的门面，每天货进货出几百万元的资金流动，他更不敢放手给别人去做，还是自己苦拼，联系货源，接待客户，管理账目……没黑没白，忙得如有狼在后面追一般。看他真的好辛苦，有人就劝他："你放一放可以吗？好好的休息一天，看看世界会不会大变！"

他回答："不行，我不做时，别人会做的，前面的那些大户们我会追不上的，后面一些中小户又逼上来，放一放，我会落在后面的。"

终于有一天，他累倒了，被迫躺在病床上不能动了，以前高速运转的日子一下停下来，他终于可以静静地想一下匆匆而过的人生了。有一次，他看到一个病人被抬进手术室再也没回来，那个病人很年轻，刚刚还与自己谈过出院后要去旅行。他看着对面空空的病床，心不由一震，顿时大彻大悟了：人由生到死其实只是一步的事，这一步，自己却走得太过沉重啊！一直以来，自己的名利心太重，想要的太多，然而真正得到的却很少。如果不是这次病倒，他会一直拼到五十岁、六十岁，甚至更久，没有娱乐，没有休息，最后两手空空地离开这个世界，这是一件多么可悲的事啊！康复后，他像换了一个人似的，生意还在做，只是不那么拼命了，他不再去追前面的大户，也不怕后面的小户追上来，甚至错过一笔很有赚头的生意时也不会在意，人们还经常可以在高尔夫球场上看到他，有时他也慷慨地与他的家人坐飞机到外地旅游。

他终于懂得了生活的意义，终于找到了所谓的放下——这颗人生中最宝贵的钻石。

生命如此般的脆弱，假如你有一个“行千里路”的梦想，而被周遭的事物牵绊住的话，那么终有一天，生命会因不堪重负而轰然倒塌，而你的梦想也将难以实现。

人们常常认为的“美好的风景在别处”，有时候还饱含了一种对未来生活的幻想。当然，渴求改变现有生活并没有什么过错，但如果你因此而忽视了现有生活的美好的话，就有点得不偿失了。

而事实上，“别处的风景”有时候并不美：

我们每天都会很努力地工作，向往着未来的生活；十年前，我们曾忧虑十年之后的自己，是否可以在这个大城市居住下来，是否可以成为这个城市的新新人类。十年后的今天，我们又一次渴望着改变，设想着自己未来十年的生活环境。

当你还是一名职场新人的时候，你的生活是忙碌的，你需要赶公交，需要写数不清的报告，你多希望自己可以享受一个无忧无虑的假期，你多么希望自己可以每天睡到自然醒，但就在你幻想的那一刻，你想过没，有多少人正羡慕你可以衣食无忧，可以不用每天递求职信、跑招聘会？

当你已经是一名成熟的职场精英时，你开始有了自己的想法，你在想，凭什么每天受领导的呵斥，他的能力并不如我！你甚至想跳槽，你幻想以后未来的某一天，你也在训斥你的下属，并为此洋洋得意。可你想过没，你是最高级的领导吗？如果不是，你永远都有可能受到顶头上司的教导甚至是呵斥！

可能你会说，现在我是总经理了，我终于可以不受人气了，但你错了，总经理的位置也不是每个人都能坐好的。其实每个经理人都有自己的难题。世上从来没有免费的午餐，老板付出的每一笔薪水都希望能够得到超值的回报。由此可想而知，那些做到总经理位置上的人们，每天的工作压力有多大，那是和他们的年薪成正比的。

那么老板就好做了吗？当然不是，不在其位不谋其政，老板担当的风险是最大的。作为职工，你失业了，可以再找工作，但老板们呢，因为公司是他们自己的，公司开门做事，每天要应付的各种人和事，可以算到你头大；公司要支付的各种费用，包括每个员工的每月工资都是老板要考虑的问题。

可能你会羡慕老板有无人管制的生活、有自由的假期，其实不然，公司是他们自己的，尤其是那些小公司的老板，每天都会衡量公司的损失，即使下了班心也不会休息。每月到了月底资金周转不灵的时候，老板就是有时间休假，也得忙活着自己公司的事情了。

的确，人生本来就是如同一次旅行，区别在于你的行程有多远。对于生活，“一千个读者就有一千个哈姆雷特”。生活态度是基于人本身对自己的理解而为的，每一个人都是不同的，但无论如何，对于现在的生活，都应持有知足的心态，放下对于别处的风景的幻想吧，我们都有自己的天空，有自己的土地，有自己的蓝天，有自己的快乐，有自己的幸福，不去羡慕别人，这样你的生活才会变得悠然平静，从容不迫！

放下烦恼牵绊，乐观向前看

所罗门曾说：“乐观的心态，就是最强劲的兴奋剂。”的确，乐观总是能让我们看到事物积极的一面。青少年朋友们，也许你的身上曾发生过这样一些事：早上起来，打翻了早餐、挤不上公交车、丢了钱财，这些看起来很倒霉，悲观的人或许会为此懊恼一整天，认为老天对自己不公平，结果心里十分不开心，在生活和学习中带着这种郁闷的情绪，这对自己有什么好处呢？反过来，把这些不顺心当作生活中的一部分调料，乐观地看待，你或许会有另外一番心情……抱着这样的态度，看待生活，还会有什么不开心的事，还会有什么烦恼呢？

然而，在面对困难和失利时，我们总是听到一些女人不停地抱怨，不断地自责。这样一来，将自己的心境弄得越来越糟。这种对已经发生的无可弥补的事情不断抱怨和后悔的人，注定会活在迷茫混沌的状态中，看不见前面一片明朗的人生。

曾经有一对漂亮的孪生姐妹，姐姐叫凯蒂，妹妹叫伊娃。在她们十岁那年，她们遇到了一场火灾，所幸消防员从废墟里扒出了她们姐妹俩，她们是那场火灾中仅幸存下来的两个人。

醒来后，姐妹俩早已面目全非。妹妹伊娃无法接受眼前的现实，无法活下去的念头从她的思想走进了她的潜意识，她总是自暴自弃地重复着一句话："与其这样还不如死了算了。"于是，最终伊娃偷偷服了50片安眠药，离开了人世。

妹妹的离去让凯蒂十分痛苦，但她仍然一次次地暗示自己："我生命的价值比谁都高贵。"后来，她被一家快递公司聘为快递员。

一天，凯蒂和同事一起将一批快件送往加利福尼亚州。天空下着雨，路很滑，车子开得很慢。此时，她发现不远处的一座桥上站着一个人。她赶紧让同事紧急刹车，汽车滑进了路边的一条小水沟里。她还没有靠近那个年轻人的时候，年轻人已经跳进了河里。年轻人被她和同事救起后还连续跳了三次，最后一次她自己差点被大水吞没。

后来凯蒂才知道，她和同事救的是位亿万富翁。亿万富翁感激她给了他第二次生命，便聘请凯蒂到自己的公司工作，后来，二人还擦出了爱情的火花，顺利步入了婚姻殿堂，几年后医术发达了，凯蒂也治好了自己的面容。

一对孪生姐妹，为什么命运如此不同？因为她们的心态不同，面对毁容，妹妹伊娃无法接受，选择自杀结束了自己的生命，而凯蒂却始终告诫自己，自己的生命价值比谁都高贵，她努力活了下来，后来，一次偶然的机缘也改变了她的命运。

《周易·系辞上》：“乐天知命，故不忧。”当你怀着乐观、积极的心态，秉承着“知己为天所命，非虚生也”的信念，用豁达的心胸来面对人生中的悲欢离合、平淡，你就会发现人生并没有那么可怕，也没有什么过不去的坎，也没有忍受不了的。在人生的旅途中，做好自己，认真对待每一天，即使失去了也不要沮丧，即便是获得了也不要太兴奋。不管我们愿不愿意，时间会悄悄地带走一切，也许我们在这个过程中会有获得的欢乐，也会有失去的痛苦，更有平淡的无奈。尽管身心疲惫，即使步履匆匆，也要乐观地向前看，虽然并不知道前面是不是自己的理想之地，但你却可以对自己说“无怨无悔”。

大学毕业后，他只身带着单薄的行李南下，来到了炙手可热的沿海地区。刚开始的时候，因为自己要求太高，他处处碰壁，找不到工作，生活费也所剩无几了。后来，他放低了自己的要求，委身在一家IT企业做一个普通的文员，一个月拿着微薄的薪水，勉强能够养活自己。朋友打电话会为他惋惜：“这么优秀的人才，甘愿做一个文员，这简直是大材小用。”他笑了，没有任何的回答。

每天做很简单、枯燥的工作，他都能从中得到自己的快乐，而且他好学，遇到什么不懂的问题都会向同事请教。时间长了，老板欣赏他的踏实与认真，晋升他为秘书。之后，不断地升职，他已经在企业有了响当当的名字，这时他毅然放弃了高薪职位，拿着多年的积蓄，开了一家小公司。同事都觉得他很愚笨，只有老板对着他远去的背影，竖起了大拇指。小公司在他的努力经营下，一天天成长，他成了远近闻名的大老板。每次回家探亲，亲戚都忍不住大加称赞，他只不过笑着说：“我只是做小本生意，没有你们想象的那么优秀。”说完，就走开了。

在那年的金融海啸中，他的公司不幸也遭遇了很大的冲击。得知消息的时候，他还在家里，父母担心地看着他。他很安静，反而安慰父母：“没事，当年我也是一无所有，现在不过是时间的问题而已。”他赶到了公司，把剩下的资金散发给员工，解散了公司，幸好因为经营有方，即便出现了这样的灾难，但公司居然不用举借外债。他带着行囊回到了父母身边，和父母一起开了家小饭馆，偶尔打打小牌，种点花草，养点小动物，日子很惬意，一点都看不出他曾经风光的痕迹。

佛曰：“一花一世界，一草一天堂，一叶一如来，一砂一极乐，一方一净土，一笑一尘缘，一念一清静。”人生道路上有鲜花、有掌声，有多少人能等闲视之；人生路上也有坎坷泥泞、有满地荆棘，又有多少人能以平常心视之。人生最大的财富，就是耐得住平淡，经得起悲欢。“荣辱不惊，闲看庭前花开花落；去留无意，漫随天外云卷云舒。”荣辱不惊，乐天知命，那是一份安详自在，更是一份在忍耐中所赢得的博弈。

总之，人生道路上，总是会出现我们无法预料的因素，在失败、痛苦、苦难、挫折面前，最好的态度就是认定事实，做出积极乐观的反应。

知感恩，才会获得真正的幸福

幸福在哪里？哲人说：“幸福不需要寻找，它就像一棵草，散布在葱绿的田野，到处都有。”或许，有人对此表示怀疑：真的是这样吗？我怎么没有感觉到呢？那些没能幸运地感受到幸福的人，在他们心中充满了怨气，怨气的浓雾模糊了他们对幸福的感觉。幸福其实就在每个人的身边，时时刻刻环绕着自己，时时刻刻惠顾着自己，怎么会感觉不到呢？每天，我们能从母亲手中接过饭碗，吃上香甜可口的饭菜，内心感激有一个疼爱自己的母亲；坐在桌边读着朋友的来信，内心感激有一个难得的知心朋友；坐在阳光洒落的办公室，内心感激拥有一份自己喜欢的工作。

刚认识他的时候，小娜是一个刚刚毕业的大学生，他却是一个落魄的穷书生，虽然，“大学老师”听起来很光鲜亮丽，但对于年轻的他来说，却是什么都没有，只有一间十几平方米的小屋。因为爱情，小娜还是选择了跟他在一起，朋友表示难以理解：“他什么都没有，你跟他在一起会幸福吗？”小娜脸上洋溢着幸福和快乐，说道：“但是，他陪在我身边，我很珍惜跟他在一起的日子。”

结婚后，他转行做生意，虽然满脸书生气，但在复杂的商海里，他却如鱼得水，应付自如，很快就成为了一个成功的商人。小娜还是那张幸福的笑脸，在家里照顾孩子和他，一举一动都充斥着爱的气息。无论他晚上回来有多晚，小娜总是将热腾腾的饭菜端上来，她明白在外应酬大多数时候都是喝酒，她担心他的胃。有时候，总有一些闲言碎语，说着公司那个美丽的女秘书，可小娜却笑着回应："应该感激有这样能干的秘书帮助他，我在家里也省心了。"这话被传到了公司，渐渐地，女秘书竟成为了小娜的闺中密友。一转眼，小娜结婚也有十年了，有人问她幸福的秘诀是什么，小娜只是微微一笑，说道："幸福就是怀着一颗感恩的心。"

在西方流传着这样一句谚语："所谓幸福，是有一颗感恩的心，一个健康的身体，一份称心的工作，一位深爱你的爱人，一帮可信赖的朋友。"在这里，感恩是幸福之首，获得幸福的首要条件是要拥有一颗感恩的心，知感恩，你才会获得真正的幸福。

在办公室，经常听到阿兰这样的声音："办公室工作，清闲倒是清闲，可没有什么油水，不像你们做业务的，一笔单子就相当于我干一年……""什么？你的年终奖有1万啊？凭什么你们公司这么大方啊？我跟你的工作差不多，可我的年终奖才不到3000，还是你们公司好，真大方……""你老公真有本事，都自己开公司了，哎，哪像我那位，只能是打工仔的命咯……"在同事们看来，阿兰太喜欢比较了，远到以前的同学，近到现在的同事，她都要比一比，常常是絮絮叨叨地抱怨："比我强？凭什么？"

在公司，同事们都避开她，中午大家在食堂吃饭，只要是阿兰在场，同事们都会主动谈起自己的倒霉事："哎呀，我昨天又丢了一张大单子，损失不小哇……"大家都觉得，若是谈论一些倒霉的事情，这样会相对降低阿兰的心里敏感度。时间长了，阿兰也知道了同事们的用心，有时候，她也这样问自己：“我只不过才工作一年，而且这份工作又稳定，衣食无忧，还有什么不满意的呢？”同事也经常安慰：“你看你，这么年轻就坐办公室工作，多有福气……”逐渐地，阿兰懂得了感恩，开始珍惜自己眼前的幸福与快乐，那些比较、抱怨的声音越来越少了。

许多人都有这样一个特点：过分地去比较，而忽视了自身的价值。在日常生活中，他们所关注的是，谁又升职了，谁又买房子了，谁又换车了，再想想自己的生活，却是一成不变，心里失去了平衡，抱怨就开始了。事实上，没有升职，没有房子，没有车子，我们依然可以幸福，幸福并不是建立在比较之上，而是要珍惜眼前。所以，请珍惜眼前的幸福，用感恩的心驱走心底的怨气。

1.学会欣赏生活

那些常常身处幸福之中，却感受不到幸福的人，是因为缺少了那份感恩之情。学会欣赏生活中一切美好的事物，对身边每一个关爱自己的人心存感激，慢慢地，你会发现自己的需求变得越来越简单，心态也越来越平和，你就能够从那看似平淡的生活中捕捉到幸福快乐的因子。所以，一个知感恩的人才是心态端正、心理健康、心智成熟的人。

2.珍惜眼前幸福

一位作家这样写道：“家庭也好，单位也好，部门也好，都是由一个个活生生的人组成的，要实现整体的和谐，需要每一个成员的共同努力，最主要的是大家都应保持健康的心态，应常怀一颗感恩之心。”这些都是我们眼前那稍纵即逝的幸福，如果不懂得感恩，心中必会充满抱怨：朋友能出去旅行，而自己呢？每天辛苦工作，工资却少得可怜。怨气占据了一个人的心里，幸福就会擦肩而过，所以，请珍惜眼前的幸福，用感恩驱走内心抱怨的雾气。

有的人不懂得珍惜眼前的幸福，总觉得别人都是欠自己的，总认为别人对自己不够好，总觉得自己的生活不够完美，在抱怨声中，他们亲手抛弃了幸福。托尔斯泰说：“我并不具有我所爱的一切，只是我所有的一切都是我所爱的。”当一个人内心充满了感恩，那么，他对生活就会充满了爱，而爱自己的生活，就一定会感受到幸福。

第05章

高情商的人会积攒人情，朋友多了路好走

三成能力，七分人脉，对于一个人的事业成功发挥着最重要的作用。每个人都是群居动物，那么成功只能来自于他所处的人群及所在的社会，高情商的人会积攒人情，所以他们总在社会中游刃有余、八面玲珑，为自己事业的成功开拓了宽广的道路。

结识贵人，重在真诚

现代社会，人际关系被提升到越来越高的地位，很多人都已经充分意识到人脉资源其实是人生中重要且宝贵的资源，因而也能够主动处理人际关系，用心经营自己的人脉网络。然而，人际关系总是让很多人都感到棘手，因为要想处理好人际关系并非简单的事情，有很多时候如果处理方式不得当，人们甚至会好心办坏事，导致事与愿违。实际上，经营人际关系是有诀窍的。俗话说，老将出马，一个顶俩。在社会交往中，我们如果能够认识一两个贵人，甚至比我们认识几个甚至十几个普通人更有助于我们发展人脉关系。这是因为贵人不但能够给予我们切实周到的服务，有的时候还能动员他们丰富的人脉关系资源，来间接帮助我们。从这个角度来说，认识一个贵人其实不仅仅是一个贵人，而是包含这个贵人的人际圈在内的诸多贵人。

那么，如何才能把贵人纳入我们的人脉圈子里呢？聪明的人在社会交往之中，会想法设法地结识贵人，亲近贵人，从而让贵人为我们所用，对我们起到巨大的帮扶作用。当然，这里所说的结识并非指的是拍马溜须，阿谀奉承。尽管贵人对我们的人生影响巨大，我们也不能为了结识贵人而不择手段。需要注意的是，贵人大多数是有影响力的成功人士，倘若我们显得急功近利，他们一定会有所觉察。所以即便我们有意识接近和结识贵人，也应该以真诚为第一原则，这样才能最大限度地博得贵人的好感，也为我们与其交往奠定良好的基础。

眼看着就要大学毕业了，同学们都在四处奔波找工作，这时候，班级里的学习委员丁鹏却丝毫不着急，这让大家都觉得很纳闷。一个偶然的机会，和丁鹏私交甚好的马玉才知道，原来丁鹏早就在系主任的推荐下，得到了一家知名企业的聘用，难怪丁鹏如此气定神闲呢！

马玉也正在焦头烂额地找工作，当听说丁鹏得到了系主任的推荐信时，不由得羡慕不已。他问："你小子真行，是不是家里给找的关系，才得到了系主任的特别关照啊？"丁鹏笑着说："我父母都是农民，去哪里和系主任攀上关系啊，他们一辈子认识的最大的官，也就是我们村里的村支书。"听了丁鹏的话，马玉哈哈大笑起来，又继续追问："那快告诉我你到底是如何得到系主任赏识的。放心，我保证不告诉别人，你小子可不能自己吃香的喝辣的，看着兄弟我无处可去啊！"看到马玉着急的样子，丁鹏思忖了一会儿，才说："我可以告诉你，但是你可千万不能再告诉别人了，否则一定会弄巧成拙。"原来，丁鹏知道系主任喜欢打羽毛球，就在一个周末系主任常去的羽毛球馆蛰伏下来，等待系主任的到来。果不其然，系主任和几个朋友相约来到羽毛球馆，很快，他们的球就在奋力厮杀中全都打坏了，这时在系主任隔壁球场的丁鹏拿出一盒崭新的羽毛球，说："王主任，送您一盒。"系主任纳闷地看着丁鹏，虽然觉得面熟，最终还是在丁鹏的自我介绍下才知道丁鹏原来是他的学生。就这样，在几个周末的接触中，丁鹏和系主任一回生，两回熟，最终居然得到了系主任的欣赏和喜爱，由此丁鹏水到渠成地得到了系主任的推荐信。

听完丁鹏的讲述，马玉为难地说："你的思路很好，但是方法我没法借鉴了呀。我总不能也和你一样去和系主任搭讪吧！"丁鹏高深莫测地笑了，说："其实我还有一套备用方案，假如哥们你请我吃饭，我就把这套方案无偿转让给你，毕竟我已经如愿以偿，如今也用不上这套方案了。"在马玉的再三央求和追问下，丁鹏终于奉献出了自己的备用方案。原来，王主任的爱人杜老师每个周末都会去超市采购，拎着很重的东西回家。假如马玉能够成功帮杜老师提着重物送到家里，则一定能够和王主任套近乎，得到王主任的优待。听到这个好主意，马玉当即表示不但邀请丁鹏吃饭，还要请丁鹏吃大餐。

可想而知，马玉与王主任套近乎的结果也不会很糟糕，毕竟有丁鹏那么好的备用方案呢！在这个事例中，丁鹏之所以能够得到系主任的推荐信，就是因为他花费心思找到了与王主任套近乎的好方法，如此一来虽然他在大学期间从未与王主任亲近，但是却在很短的时间就与王主任熟悉起来，并且如愿以偿。不得不说，丁鹏的策略非常成功，当然他的真诚也是俘获王主任真心和信任的好方法，值得借鉴。

凡事就怕用心，当我们用心对待生命中的贵人，一定能够以真诚打动他们，获得他们的信任，也能够顺利结识贵人，得到他们的认可和赏识。不过，大多数贵人都是成功人士，因而我们在与贵人搭讪或者套近乎时，一定要事先做好功课，了解他们的社会背景和人生经历，以及脾气秉性，这有助于提高我们结识他们的成功率，也能够起到事半功倍的效果。记住，再大的人物都不会拒绝真诚，在与贵人结识时，急功近利是大忌，唯有真诚才能打动人心。

善于经营人际关系，营造社交网络

所谓多个朋友多条路，多个敌人多堵墙，这句话形象生动地为我们揭示了人际关系在现实生活中的重要作用，也帮助我们指明了人生的道路。即要想在人生中如愿以偿地获得幸福、成功，我们就要学会经营人际关系，营造社交网络，这样我们在生活和工作中才能拥有更多的选择，也才能最终实现自我的快速成长。

尤其是现代社会，人际关系更是被提升到前所未有的高度，人脉资源也成为决定我们人生是否成功的至关重要的因素之一。作为一个现代人，一定要从小就认识到人际关系的重要性，也要能够积极主动地拓展和完善自己的人际关系网，从而才能在未来激烈的社会竞争中，得到朋友的守望相助，也能够利用各种各样的人际关系为自己的人生提供更多的便利条件。

作为一家房地产公司的文员，初来乍到的刘敏总是叫错同事们的名字。一天早晨，办公室里的电话响个不停，刘敏不得不跑进跑出，喊相关的同事来接电话。然而也许是因为记忆混乱，她在忙乱之中居然把刘畅当成刘强找来了，又把雅丽当成亚楠喊来了。最终，整个办公室乱成一团，被叫错名字的同事都很不高兴，也因而对刘敏非常冷淡。

刘敏感到很委屈，毕竟自己只是个普通的人，又不是神仙，怎么可能只听一遍就记住所有人的名字呢！然而，她什么也没有说，只是默默地努力着。大概一个星期之后，刘敏终于清楚地记住了所有同事的名字，为了改善和同事之间的关系，勤快的她忙完自己的工作后，不管看到哪个同事有多余的工作需要分担，都会主动帮忙。到了月底的时候，刘敏简直就像一个超级飞人一样，哪里需要就冲到哪里。渐渐地，同事们原谅了刘敏，都和刘敏有说有笑的。

转眼之间，一年的时间过去了，在年终总结时，作为办公室文员的刘敏特别忙碌，因为有无数的资料等着她整理，还有数不清的报表等着她做。这时候，刘敏不但无暇帮助他人，自己的工作都忙不过来了。与刘敏恰恰相反，有几个岗位的同事反而很清闲，因为他们的工作并不涉及年终总结。一天，主管让刘敏马上完成一份表格，并且要打印100份。刘敏刚刚开始做表格，经理又让她复印50份资料，说过会儿开会就要用。两份工作都很紧急，主管和经理都不能得罪，刘敏不由得感到分身乏术，左右为难。这时，刘畅突然问："小敏，需要帮忙吗？我现在没有什么紧急的事情。"刘敏感激地看着刘畅，说："能麻烦你帮我把这个文件复印50份吗？经理一会儿开会就要用，但是我正在做着主管急用的表格。"刘畅二话没说，二十几分钟后，他抱着复印并且装订整齐的厚厚一摞材料，交给刘敏。刘敏连声感谢，刘畅却说："小事一桩，不足挂齿，这与你平日里对我们的帮助相比，差远了呢！"

听到这句话，刘敏心里觉得暖暖的。

事例中的刘敏，刚进公司时因为记不住名字，得罪了很多同事，幸好她后来积极弥补，赢得了同事们的认可和喜爱。后来，在年终忙碌时，好人缘的刘敏也得到了同事们的主动帮助，从而才能顺利完成堆积成山的工作。每个人在这个社会上都不是独立的存在，任何时候，我们都不可能仅凭单打独斗就获得成功。高情商的人很善于把自己融入团队之中，因为他们深知唯有在团队中，他们才能获得成功，也才能最大限度发挥出自身的能力。

不管你们现在是学生，还是已经步入社会走上工作岗位，都要学会与他人搞好关系。民间有句俗话，牛马大值钱，人大不值钱。尤其是在初入公司时，我们不如放低姿态，多多请教老同事，在他们需要的时候主动给予帮助，这样自然会拥有好人缘。处在和谐融洽的人际关系中，你会发现自己如鱼得水，游刃有余，这对于你未来职业生涯的发展也是有莫大好处的。

广结善缘，存储情分

现实生活中，很多人待人处事秉承与他人两不相欠的原则，既不愿意欠别人的人情，也不愿意被他人欠人情，最终选择明哲保身，导致人情淡漠。其实，这样的做法并不好，因为人情就是用来欠的。我们不要害怕吃亏，可以适当地帮助他人，让他人欠着我们的人情。这种感觉，就像是把积蓄放在银行里，等着它平白无故地生出很多利息来一样。当然，也许我们对他人的帮助最终没有回报，但是我们依然能够从赠人玫瑰、手有余香的美好感受中，得到最大的回报。从另一个角度来看，我们也可以适当欠欠别人的人情，这样我们才能时刻想着回报于他人，最终你来我往，与他人之间的交情也就越来越深厚。

对于我们来说，要想在人际交往中占据主动，更应该学会施予他人以人情。唯有如此，我们才能得到他人的感激，也许在我们需要的时候，他人就会对我们施以援手。总而言之，主动施惠于他人，能够让我们在人生之中得到意外的回报，也能够帮助我们得到好人缘，广结善缘。一个高情商的人，从来不会吝啬付出。哪怕是不求回报的付出，也能给他们带来莫大的快乐。

在办公室里，小万是个清高孤傲的女孩，很少与同事们来往。不过，这并不意味着她冷漠无情，在同事们真正有需要的时候，她总是积极主动伸出援手，因而同事们都非常喜欢她，与她保持着君子之交淡如水的纯真友谊。

前段时间，坐在小万隔壁办公桌的倩倩，因为大姨妈大驾光临，突然腹痛难忍。看着倩倩头上豆大的汗珠，小万主动说："倩倩，你快回家休息吧，我来帮你请假，再帮你把没有做完的工作处理掉。"看着热心的小万，倩倩为难地说："但是我还有一份文件没有做好呢，老板说明天早晨上班之前就要交。只怕得加班到晚上，才能完成。"小万拍着胸脯说："没关系，你就放心回家吧，我一定能完成的。"就这样，倩倩回家休息了，小万处理完自己的工作，再帮助倩倩处理完工作，都已经凌晨两点多了。后来，倩倩成了小万真正的铁杆朋友，不管小万遇到什么困难，倩倩都会挺身而出，绝不畏缩。

在这个事例中，小万是个面冷心热的女孩儿，虽然平日里疏于和同事交往，但是每当同事有了难处，她都能够积极主动给予帮助，而且绝不抱怨，更不求回报。人的心都是知恩图报的，小万的付出得到了倩倩真诚的回报和真挚的友谊。如此一来，小万自然多了一个忠心耿耿的好朋友。

每个人在人生路上都会遇到各种各样的困难。每当这时，只要我们力所能及，一定要积极主动给予他人帮助。有的时候，我们也会被他人求助，只要能力所及，就不要推辞。毕竟，也许未来的某一天我们也会成为求助者，也迫切希望有人能够帮助自己。爱心就像是一种能量，在友爱的人那里不断传递，使整个世界都充满爱与友善，充满积极正向的能量。

那么，我们到底如何施予他人人情，让他人欠着我们的情分呢？很多人都不知道应该如何去做，其实只要成为生活中的有心人，我们就会发现有很多方法可以实现这个目的。诸如，我们可以像事例中的小万一样主动帮助他人，毕竟人在危难之际都渴望得到帮助，所谓锦上添花不如雪中送炭。其次，在得到他人求助的时候，只要力所能及，就不要轻易拒绝。凡事都是有因才有果的，我们只有种下善缘，才能收获回报。再次，我们应该学会设身处地为他人着想。每个人在考虑问题的时候，难免都从自己的主观角度出发，很难真正做到为他人着想。现实情况却是，每个人都有自己的出发点和利益点，因而很难真正改变立场。作为给予他人帮助的人，我们必须尽量避免过于主观，做到想他人之所想，急他人之所急，这样才能给予他人实实在在的帮助。最后，我们对于他人的任何帮助，都要落实到实际行动上。所谓说得好听不如做得好看，即使说出一千句豪言壮语，也不如真正帮助他人一次。所以，当我们真正去做了，对方自然会把我们的情谊记在心里。只要能够做到以上这几点，我们就能够施予别人以人情，我们也就在情分的银行里，为自己储存了越来越多的“积蓄”。

关注重要关系，维系好交情

虽然说多个朋友多条路，但是真正能够维持一生的友谊是少之又少的。现代社会处于飞速发展的阶段，人们对于友情的理解也和以前不同。可以说，大多数的朋友都是建立在利益关系之上的，如果始终能够在需要的时候互帮互助，倒也值得欣慰。毕竟，没有永远的敌人，只有永远的利益，既然在利益面前敌人能够变成朋友，那么无疑，在利益面前，朋友也能够反目成仇。所以现代社会的朋友相处之道，不但要讲究真情真意，也要讲究互利互惠。

生活中，我们结识很多人的方式都是通过别人的介绍。因而，我们在用心经营与这些朋友的关系时，也不要忘记用心维护与介绍人的友谊。常言道，饮水思源，如果没有介绍人慷慨的介绍，也许我们的人际关系网就会薄弱很多。从另一个角度而言，这些介绍人先于我们认识那些朋友，所以介绍人对于我们的评价也将会直接影响到新朋友对我们的认可度。由此可见，经营好与介绍人的情谊事关重大。

毋庸置疑，人与人之间的关系是有远近亲疏之分的。尤其是当朋友多了，我们不可能与每个朋友都保持亲密无间的关系，一则是时间和精力不允许，二则朋友相交也要靠缘分，假如缘分不够，再怎么努力也无法亲密。所以，在人脉关系中，我们必须有意识地关注那些不可替代的人。的确，有些人就是不可替代的，他们至关重要，任何人也无法取代他们的地位和作用。对于这样的人，即便是我们与其不能做到志趣相投，也应该保持基本的交往，做到礼尚往来。虽然这么说有些功利，但是现实就是这么残酷，我们做很多事情的确都带有一定的目的性和功利性，而且我们与其相识的过程也可能充满坎坷挫折，因而维持好与他们之间的关系也就更加重要。

小霞大学毕业后，一直没有找到合适的工作，最终来到一家建材公司当推销员。众所周知，建材行业竞争是非常激烈的，对于小霞这样毫无背景和关系的女孩，想要在这一行站稳脚跟，简直比登天还难。在整整两个月的时间里，小霞几乎跑遍了北京城的工地，但是没有一个工地的负责人愿意从她这里订购建材。

这天，小霞再次遭到拒绝，颓废地正准备离开办公室，工地负责人突然喊住她，说："等等！"小霞回过头，工地负责人说："我有个表弟准备承包一项工程，也许你可以找他试试。"小霞惊喜地问："真的吗？”工地负责人有些无奈地说：“小妹妹，我有必要骗你吗？”很快，小霞就在工地负责人的介绍下，来到了他表弟张军的办公室。得知小霞是表哥介绍来的，张军对小霞还算客气。小霞简单说明了自己的情况，张军说：“既然是我表哥介绍来的，而且我暂时也没有固定的供货商，不如就先与你们合作一段时间吧。”小霞做梦也没有想到自己就这样做成了第一单生意，正式签约之后，她买了好烟好酒，特意去感谢介绍人。随着几次打交道，小霞和介绍人以及张军之间建立了信任，后来，介绍人又介绍了好几单生意给知恩图报的小霞呢！由此，小霞渐渐打开了销售局面，随着人脉的拓展，工作也越来越顺利。

在这个事例中，介绍人无疑是小霞的贵人。倘若没有热心的介绍人，小霞也许现在已经被公司开除了，毕竟现在没有任何一家公司愿意养活闲人。这就像是一个活扣，介绍人就是那个至关重要的环节，从介绍人入手，小霞人脉越来越丰富，生意自然也就越来越好做。所谓万事开头难，现在小霞已经度过了最艰难的时刻，人生渐渐进入柳暗花明的境地。

你们的人脉关系中是否也有些不可替代的人呢？也许你们平日里并没有意识到对方的重要性，那么不如现在就开始整理自己的人脉。要记住，千万要用心维护那些不可替代的人脉关系哦，也许他们将会带给你巨大的惊喜呢！

常怀恩情，令他人心存感激

英国人沈弼在20世纪70年代担任香港汇丰银行董事长。在港英政府时代，汇丰银行作为香港英资垄断财团的翘楚，事实上控制着整个香港的经济，而汇丰银行董事长则是香港的实际统治者。沈弼与从事房地产业务的李嘉诚私人关系极好。沈弼在1986年退休回英国时，李嘉诚将一个1米高的新汇丰银行总部的纯金复制品送给沈弼。当时，沈弼没有公开竞标，直接将和记黄埔地产集团的控股权以净资产一半的价格卖给李嘉诚。付款方式中还规定，李嘉诚拥有延期付款的特权，实际收购价格比合同规定的价格还低。李嘉诚家族因此一跃成为仅次于英资怡和财团的香港第二大房地产开发商。

俗话说："山水轮流转，三十年河东，三十年河西。"一个做大事的人应该有长远的打算，不仅仅需要储蓄钱财，更要为自己储蓄人脉。当年的"冷庙"变成了"热庙"，对方自然会因为你当年的参拜而对你刮目相看，而且，他不会把你当作趋炎附势之辈。在日常生活中，要想建立广阔的人脉关系，就应该学会施恩，联络一下感情，送些礼物。即使面对一个陌生人，我们也要施以恩情，谁知道，他会不会是一名大人物呢？而对于那些怀才不遇的人，虽然，此时对方无权无势，但等到他一朝发达的时候，便是你收获之际。

其实，早在胡雪岩十五岁的时候，他就懂得了施恩，而且，从中收获了不少。有一年，一位金华的客商来杂粮行谈生意，可是，刚到了大阜就病倒了，由于在大阜举目无亲，没有人照顾，而拖着病体又回不了金华，心里十分着急。胡雪岩是一个善良的小伙子，他知道这件事以后，就赶到那人的病榻前，一连几天给他端药送饭，忙前跑后，照顾得十分周到。就这样，在胡雪岩的精心照料下，客商的身体痊愈了，对此，他十分感动，主动问起了胡雪岩的事情。后来，为了报答胡雪岩的照顾之恩，好心建议："我们那里比大阜好玩得多，你随我一起到金华如何？"因为金华火腿行比杂粮行规模大得多，胡雪岩的施恩为自己赢得了人生的第二次机会。而正是因为这样的施恩，让胡雪岩结实了对自己一生有恩的贵人——王有龄。

后来，几经周折，胡雪岩在杭州钱庄当起了学徒。这年夏天，胡雪岩在一家茶店里碰到了一位落魄的青年，在交谈中得知对方叫王有龄，是一位候补盐使，此时正打算北上投供加捐做官，可是由于贫困潦倒，没有亲人，如今只能泡在茶馆里打发时光。

胡雪岩了解到这样的情况后，心中有了主意，他看准眼前的王有龄绝不是等闲之辈，如果自己帮助他进京投供，定会赢得对方的感激。那么，他日后有了出息，肯定会帮助自己飞黄腾达。虽然，当时的胡雪岩只是一个小伙计，手里并没有多少钱，但是，他毫不犹豫地将刚收回来的五百两银子压在王有龄身上。接过胡雪岩递过来的银票，王有龄又惊又喜，感激涕零，将胡雪岩当成了自己的大恩人，有了银两，他第二天就起程去京城了。

后来证明，胡雪岩当初的判断是正确的，他得到了王有龄的帮助，成为了商场上呼风唤雨的人物。

胡雪岩的两次施恩都为自己换回了丰厚的回报，实际上，这只不过是胡雪岩积累人脉收获的其中一二而已。更为智慧的是，他大多选择那些落难中的人，对这样的人施恩，所激发的感激力量将会更巨大。比如，王有龄在得到胡雪岩的帮助后，将其作为自己的大恩人。后来，王有龄为官后，胡雪岩不再做钱庄的小伙计，而是自立门户，贩运粮食，官商联合，如鱼得水，事业也日渐发达，这就是人脉资源的丰厚回报。

在生活中，我们要深谙建立人脉关系的智慧，多烧冷灶，多拜冷庙，令他人对你心存感激。当然，广施恩情，并不是说需要我们做作地对他人施以恩情，而是内心怀着这样一份情感。胡雪岩内心善良，他才会做出那么多有情有义的事情，对于我们来说，心中要常怀恩情，哪怕对一个素未谋面的陌生人，也应心怀仁慈，或许他就是你人生中的大贵人呢。

恩情，并不在乎大小，而在乎心诚，如果你本身就是一个善良的人，那么恩情就会在你不知不觉中的言行中弥漫出来。凡事多施以恩情，令他人心存感激，那么，你的人脉资源就会越来越丰富。

学会谦卑，把功劳礼让他人

诸葛亮说：“古代凡是优秀的将领，对待自己的部下就好像对待自己的儿女一样，当困难来临时，身先士卒，首当其冲，站在最前面，在功劳荣誉面前，与部下谦让，把功劳、荣誉推给部下。”一个聪明的人总是显得很谦卑，他会把本来属于自己的功劳让给别人，嘴里还说：“我真的没有做什么，是他们的功劳。”这不但使他赢得了美名，也让他的同伙感到由衷的钦佩。平时生活中的人际交往也是一样的道理，没有谁会喜欢一个好大喜功、居功自傲的人。就算你是有一点小小的功劳，也要学会把功劳归功于他人，自己只是贡献了微薄之力把功劳归功于他人，让他人得到赞誉和肯定，他也会对你充满感激。毕竟，一个谦虚的人总是那么受欢迎。

古往今来，有多少人为人类的发展做出了杰出的贡献，但是他们并没有为自己请功，而是把更多的功劳让给别人：或是自己的助手，或是自己的同伴，或是劳动人民。他们并没有因为自己的功劳就请赏，而是更多地觉得这就是做自己应该做的事。淡泊名利，鄙弃功名，成了他们品质高洁的显现。更多的时候，人们关注的重点不是他做了多少的贡献，而是他对功名利禄的淡漠。淡漠名利的人往往是人们敬重的对象。

在公司中，下属总是把功劳归于上司，而上司总是把功劳归功于下属。于是，下属受上司的重视，上司受下属的爱戴。显而易见的道理，把功劳归功于他人，会得到他人的感激之情。什瓦普也曾说：“只有那些能把机会让给他人的人才能称得上是伟大的商人。有很多商人因为只顾个人的利益和荣耀，所以不能建立伟大的事业。”所以，一位高明的领导总是把功劳归功于自己的下属，一位高明的下属也总是把功劳归功于上司。

卡内基说：“如果事必躬亲，将所有荣誉归于自己，那么这种人怎么能成就伟大的事业呢？”把功劳归功于他们，会让他们有种满足感和成就感，以此来激发他们对成功的渴望，自然他们就会在工作上加倍地努力。大家都知道，真正的大人物未必时刻在追名逐利，他应该尽可能地让他人有赢得名利的机会，至少他应与他人共享这种名利，这就是他赢得部下的支持和拥戴的最好的办法。所以，把功劳归功于他人，不但使自己显得谦卑，也给人们留下一个好印象，你就有可能获得交际中的成功。

大人物，从来不会居功自傲，他在成功的那天依然没有忘记曾经为他奋斗的人们，会聪明地把功劳归功于自己下面的人。

第 06 章

高情商的人驰骋职场，游刃有余成赢家

身处职场，情商比智商更重要。情商高的人更容易与同事和领导之间保持和谐相处，情商高的人在职场中十分受领导和同事的欢迎。可以毫不夸张地说，高情商是一种实力，甚至可以超过工作能力。

办公室闲聊，须谨言慎语

有的办公室大，有的办公室小，然而不管是大办公室还是小办公室，都绝不可小觑，因为办公室实际上就是社会的缩影，每个办公室都有自身独特的文化，也有人与人交往的潜规则。在职场上，很多新入职场的菜鸟都因为不了解办公室文化，最终被卷入办公室斗争的旋涡，导致自身陷入被动不说，甚至还有可能因此失去工作，可谓得不偿失。

常言道，有人的地方就有江湖。江湖是什么，江湖是鱼龙混杂，蛇鼠一窝，也是个人大显身手的好地方。经验老道到人自然能够在江湖里随心所欲地生存，但是对于很多菜鸟而言，要想混迹于江湖，却不被陷害，保全自身，显然是很难的。从这个角度而言，走入办公室江湖的你，千万不要掉以轻心哦！

在婚庆公司工作的思思，是个单纯善良的好姑娘。她所在的婚庆公司规模很大，主要承接高档婚宴，因而作为销售代表，思思与其他同事之间其实不仅仅是合作的关系，也常常需要竞争。

近来，思思所在的团队正在跟进一个大明星的婚礼，进行初步的洽谈。从早期情况来看，那个大明星对于公司还是比较满意的，很有意向合作。但是，就在事情进展很顺利的时候，大明星突然改变主意，要终止洽谈，这也就意味着合作没有希望了。领导得知此事后，马上找到思思所在的团队开会。在团队里，因为主要是由思思和雅文负责这个项目，所以思思自我检讨："对不起领导，我和雅文一直在很用心地跟进，也不知道是怎么了，事情就成这样了。原本，我们还以为是十拿九稳的呢！"这时，领导突然把矛头对准雅文，说："雅文，既然思思不知道这件事情是怎么回事，你总该知道吧？"看到思思把难题踢给自己，雅文狠狠地瞪了她一眼。思思不知所以，根本不知道自己犯了大忌。后来，很长一段时间雅文都不理思思，思思呢，也不知道如何是好，更不知道自己错在哪里。

在这个事例中，思思的确是错了。虽然她主动站出来和领导承认错误，但是她的自我剖析，却把球踢给了雅文。其实，职场上的老人都知道，既然总要有人来承担责任，那么就应该尽量承担起所有的责任，以免牵连无辜，或者保全自己的合作伙伴。这样，至少还能卖个顺水人情。但是思思显然不明白这个道理，她看似承担责任，实际上得罪了雅文。

你们是否也时常因为办公室政治感到厌烦和无力呢？的确，中国是人情社会，有人的地方就有密密麻麻如同蜘蛛网一般的人际关系，也就有复杂的勾心斗角。尤其是在很多大型企业里，人际关系往往更加难以理清头绪。从这个角度而言，作为职场菜鸟的人也许会感到很头疼，因为他们根本对于这样的关系毫无知觉。其实，这也许反倒是一件好事，所谓心远地自偏，因为心中纯净，所以哪怕无意间得罪了他人，至少关系也是相对理得清的。

看到这里，相信有很多人都会心生恐惧，甚至对于即将到来的职场生活感到压力倍增。实际上，办公室政治是有章可循的，通常情况下，只要我们避免跨入办公室政治的雷区，就能够做到明哲保身，一心一意地工作。首先，在办公室里一定要讲礼貌，尤其是初来乍到的职场菜鸟，对于每个同事的脾气秉性都还不够了解，千万不要随随便便就与对方攀关系，拍马屁，也许反而导致对方怒火中烧，这样岂不事与愿违？其次，在办公室里虽然常常需要附和领导或者前辈说话做事，但是一味的阿谀奉承并不能使你站稳脚跟，毕竟老板花钱给你发工资，是想要拥有一个有独立主见和思想的下属，而不要一个只知道人云亦云的无用者。再次，要想在办公室里站稳脚跟，特立独行并非不可以，但是还要注意融入团队和集体之中。尤其是在需要承担责任的时候，假如你已经做好了英勇就义的准备，就不要临死了还拉个垫背的。从上司的角度而言，他也更愿意欣赏和信任那些责无旁贷承担责任的好下属。最后，还要与同事搞好关系，绝不要背后议论同事的长长短短，因为这个世界上根本没有不透风的墙。只有避免祸从口出，使工作环境和谐融洽，我们才能最大限度发挥自身的能量，也才能做到最好的自己。当然，除此之外，办公室政治中还有很多禁忌，这都需要我们在日常工作中细心体察，多多摸索和领悟。只要我们成为有心之人，就一定能够很快在办公室政治中找到正确的处理之道，也使自己的职业生涯发展更加顺利。

学会与同事合作，实现双赢

作为一名奋战职场的职业人，每天朝九晚五，与同事相处的时间只怕比与家人相处的时间更长。在这种情况下，要想在职业生涯中获得发展，成就自己，就必须与同事搞好关系。从某种意义上来说，与同事的关系是否和谐融洽，也将会直接影响你的事业发展。然而，同事关系完全不同于同学、朋友等关系。同事之间的友谊并不纯粹，甚至有些同事之间还存在激烈的竞争，友谊出现的概率很低。那么，面对自己不得不和颜悦色以对，且又存在利益关系的同事关系，我们到底怎么做，才能如愿以偿地与同事搞好关系，也让自己的工作环境更加优化呢？

很多职场老人都知道，与同事不能提及隐私，既不要谈自己的隐私，也不要打探同事的隐私，可以说这是同事之间相处的底线和原则。除此之外，同事之间在晋升或者业绩面前，总是有利益的争夺。在这种情况下，我们应该把眼光看得长远一些，千万不要鼠目寸光，更不要因为小小的利益就与同事争得你死我活。毕竟，只有更好地与同事合作，我们才能最大限度实现自身的价值，获得成功。对于一个想在职场上获得长远发展的人而言，与同事合作才是终极目标。

具体来说，首先，人与人交往的基础就是相互尊重，我们应该尊重同事，才能得到同事的尊重。中国是讲究礼尚往来的人情社会，与同事相处久了，一定要有情分，在同事有什么喜事的时候，送上自己的祝福，在同事需要的帮助的时候，做到慷慨解囊、不遗余力，日久天长，我们与同事之间的情谊自然越来越深厚。其次，和同事相处要能够设身处地为同事着想。毕竟，每个人的脾气秉性都是完全不同的，我们不能把自己的要求生搬硬套到同事身上，而要相信同事也有自己为人处世的原则和底线。所谓原谅别人就是宽宥自己，当我们以宽和的心对待同事，自然也能够得到同事的宽容以待。再次，做人一定要低调，不要张扬，在遇到纷争的时候，也要做到谦虚忍让。牙齿还会碰到舌头呢，更何况是脾气秉性完全不同的同事之间呢。当同事性格怪异时，也不要轻易放弃与其相处。所谓大肚能容天下事，倘若我们放开心胸，必然能够遇见更好的自己。此外，在齐心协力完成工作的过程中，出现分歧是很正常的，一定要采取合适的方式解决问题，最终才能做到皆大欢喜。最后，与同事在一起要有福同享，有难同当。人非圣贤，孰能无过，在工作过程中，即便是经验丰富的老同事，也有可能因为一些失误导致工作出现偏差。在被上司指责或者处罚时，千万不要畏缩，更不要推卸责任。否则，日后还有谁愿意与你合作呢？情商高的人总是能够主动承担责任，并且绝不牵连同事。总而言之，人与人的相处是很细微复杂的。尤其是对于脾气秉性截然不同的人而言，必须更好地学会相处之道，才能让工作环境和谐融洽，也才能让工作效率倍增。

杨慧从小就是家里的独生女，因而一直娇生惯养。大学毕业后开始工作，有洁癖的她总是把办公桌整理得一丝不苟，秩序井然。即便是抽屉里的杂物，她也按照分类进行摆放，绝不紊乱。为此，经理给大家开会时，还特意让大家都向杨慧学习呢。

一天早晨，杨慧来到办公室，刚刚走到自己的办公桌前，突然大惊小怪地喊道：“哎呀，是谁动了我的椅子。我昨天下班的时候，明明把它塞到办公桌下面了啊。”说完，她对着办公室里的同事们喊道：“大家都听好了，以后谁再坐我的椅子，一定要把它放到办公桌下面，恢复原样啊！”听着杨慧的话，同事们面面相觑。中午午饭后，杜伟和杨慧开玩笑说：“杨慧，帮我也收拾收拾桌子吧，我实在是不知道应该怎么收拾啊！”杨慧得意洋洋地拿抹布擦拭自己的桌子，说：“你呀，我简直怀疑你个人卫生是不是也这么糟糕。你赶紧坦白承认，你是不是每天都不刷牙，不洗澡呢？”杨慧的话使杜伟满脸通红，找了个借口就溜之大吉了。渐渐的，办公室里的同事越来越疏远杨慧，大家都不愿意和她交往。就连杨慧在办公室里最好的姐妹西西，也无奈地说：“杨慧，以后中午你还是自己去吃饭吧，我实在受不了你总说这个饭也脏，那个饭也脏，什么都不让我吃。”

在这个事例中，杨慧爱干净原本是件好事情，但是她偏偏达到了洁癖的程度，而且还把自己对于卫生的过分要求强加到其他同事身上。如此一来，导致她身边的人都很紧张，不知道到底怎么做，才能符合卫生的标准，最后大家只好全都离她而去，再也不愿意和她共处了。

杨慧的错误就在于，她对于同事关系的定位不够准确，甚至还用自己的标准强求他人。殊不知，同事关系是很特殊的，从私人角度而言，它非常宽松，从工作的角度而言，它又需要同事之间密切合作。因而高情商的人知道如何准确把握与同事之间的关系，何时应该亲密无间、众志成城，何时应该给予对方足够的自由和空间，让对方感到舒适惬意。不论何时，我们都可以严于律己，也都应该牢记不要用对待自己的标准和要求苛责他人。唯有如此，我们与同事的关系才会松紧适度，和谐融洽。

调整心态，与同事搞好关系

生活中的大部分人，从学校毕业后，都需要进入职场，他们需要和同事们一起工作，一起为了企业的业绩、为共同的目标而奋斗。因此，可以说，同事是我们在工作时间内彼此相互交往、接触最多的人。但在实际工作中，人与人之间难免会有意见不同或者遇到人事变更、同事升迁、酬劳分配不均这些情况，此时，我们也可能会产生一些负面情绪，甚至把这种负面情绪带到工作中，甚至有些性格急躁的人还会与同事起冲突。但你必须记住的是，任何时候，这都是错误的做法。因为同事关系有相互依存的特点，互相间需要谦敬、包容、礼让，因为任何工作都须通力合作，如若情感不相容，气氛不和谐，协调就成空话。

实际上，虽然你和同事在同一家公司工作、每天抬头不见低头见，但毕竟每个人是不同的个体，也都有自己的性情和处事风格，当其他人的处事方法不符合你的观点时，你大概会觉得“他真讨厌”。但讨厌别人并不是别人的错误，而是你自己的事情，只有调整自己的心态和讨厌的人好好处事，对自己和别人才更公平，你的职场生涯才会更顺利。

多数时候，你讨厌的人，和你正是“相看两厌的”，不但你讨厌他，他同样讨厌你。在这种情形下，如果谁都不懂得约束自己的情绪，自然越相处越相互讨厌，最后弄到无法收场，成为职场上的敌人。如果你对待和你不同的人都用这样的态度去处事，那就会处处树敌，无法生存，与讨厌的人共事最重要的是调整自己的心态。

因此，身处职场的人们，不要再意气用事了，多培养自己的职场情商吧，即使你不喜欢这个同事，即使你真的与其在观念上有差异，也要本着一切为了工作的原则，与其和谐相处。为此，你需要做到：

1.以工作为基准

在职场上一起共事，千万不可凭自己感觉，你喜欢不喜欢一个同事不重要，重要的是要一起完成工作。无论何时都要将目标任务放在第一位，把个人情绪放在后面，才能让同事关系更和谐，任务更顺利。即使没有任务，你在职场上的最终目标无非是事业有成就，得到大家的认可，这和与每个人的相处都分不开，让敌人都佩服，才能算成功。理智地提醒自己这一点，你就很少有先入为主的讨厌情绪。

2.尊重你不喜欢的同事

与任何同事相处，都要以尊重为前提。而如果你不喜欢对方，那便更要重视“尊重”的作用，因为两个相互讨厌的人，往往观点更不一致，如果此时不讲“尊重”，会产生更多分歧，制造更多敌对情绪。对自己越看不顺眼的人越应该主动征求对方意见，主动尊重对方，这样可以使两个人之间变得融洽，使对方更尊重你。

3.出现分歧应就事论事

工作中，难免与同事产生意见上的分歧，如果真出现冲突，应理智解决，就事论事，不要掺入以往恩怨或者个人情绪，否则会更加复杂。尤其是双方在公事上出现较大分歧时，应理智地说出自己这样处理的理由，然后询问对方这样处理的理由，综合考虑后再做出决断，不应意气用事；不应该武断认为对方在针对你；不应该用过于激烈的情绪用词；更不应该进行人格侮辱或人身攻击。如果分歧不能达成一致，不妨做成两种方案，请上司裁断。

比较私人的事，最好不要和讨厌的人一起处理，进行宴请等活动时，最好不要遗忘对方，给予充分的尊重和热情，礼仪周到才是最好的相处之道。

4.千万不要在背地里说他坏话

办公室里，似乎永远少不了“小道消息”和“八卦新闻”，更有背后的指指点点。的确，工作累了、茶余饭后，同事们之间总是会找些话题，其中议论某个同事、说某些人的坏话比较常见，但如果你想拥有好的人际关系，你最好避开这些话题。更不要在背后议论同事，尤其是自己讨厌的人，更不要说出讨厌他的理由。你们之间的分歧和恩怨更不要对第三方说起，如果别人提起，最好敷衍地说“在公事上有分歧”，而不要用情绪字眼。背后不道他人是非是最起码的做人态度。

总之，作为一名聪明的职场人，若你想在事业上有所成，以健康适当的情绪、语言、举止和善意的态度，在同事间创造和谐的关系，是一个关键。

与同事和谐相处，这是一个人人格高尚的体现，更是高情商的表现。不要妄图改变他人的想法，更不要采取不合作的态度共事，不要孤立自己不喜欢的同事，而应该首先调整自己的态度，在尊重的基础上宽容看待对方的行为，这样才能和所有人友好相处。

竞争中合作，合作中竞争

俗话说："一个篱笆三个桩，一个好汉三个帮。"在公司里，如果你不懂得或不善于利用他人的力量，光靠单枪匹马闯天下，这样是很难施展你的才华的。在工作中，在我们身边有许多方面的人际关系，这都需要我们去斡旋、利用，其中，最主要的也是我们最容易忽视的就是与上司、同事的沟通关系。与上司和同事做好沟通，与之建立和谐的关系，如此，我们才能更轻松地应付工作。

一位职业女性这样讲述了自己的工作经历：

我从事销售工作已经一年了，当时，我在一家公司为建筑施工企业的管理者提供建造师、监理师职业资格培训。这份工作最后以辞职收场，主要在于我与上司的意见不合。当时，公司拓展南京市场已经有一段时间，我向上司建议拓展南京周边的市场，比如扬州等城市，以此扩大市场占有率。随后，我就拟写了一个营销方案，但是，这个营销方案没有得到上司的认可，他坚持要把南京市场做好。对此，我十分生气，后来与上司大吵了一架，怒气冲冲的我对上司说：“你没有战略眼光！”接着，我就辞职了。

虽然，她这种向上司建言献策的精神值得我们欣赏，但是，她与上司沟通的方式与态度却是不可取的，与上司因为意见分歧而争吵更是不可取。作为一个下属，对上司说“你没有战略眼光”，将会直接激化其与上司的矛盾，最终，她并没有达到出谋划策的目的。因此，我们在向上司谏言时不仅要说到关键点上，同时，也需要注意自己的表达方式与态度。一位公司的董事长这样说：“作为上司，我希望下属能提供系统的问题和解决方案，而不是一些零碎的观点和牢骚。”

小雨刚到公司不久，主管就安排他与一位老同事写一份计划书，两个人在确立计划书的方式时，小雨提出了自己的看法。可是，老同事却以不屑地眼光说道：“小姑娘，你想邀功的心情我理解，但你才进来，还是低调点好，小心‘枪打出头鸟’哟。”小雨心中很生气，但是，她冷静地想了想，老同事是干了十几年的老职员，如果与老同事发生了矛盾，对自己今后的工作十分不利。于是，小雨诚恳地说：“我其实并不想邀功，只是希望与您合作能够干出点成绩来，不管用谁的方案，报上去时都用您的名字，我就当好您的搭档。”听了小雨诚恳的话语，老同事终于同意了小雨的方案。

大多数老同事会凭着自己资历深厚而对新人的言行举止百般挑剔、抵触或者根本不认同，处处干涉、事事指导，让一些职场新人无法施展自己的能力，工作总是被牵制。另外，一些老同事还有一定的戒备心理，他们在工作上很保守，不愿意指点、帮助新同事，害怕“教会了师傅，饿死了徒弟”。面对如此刁钻的同事，我们该怎么办呢？其实，只要我们言语中流露出对他的尊重或者赞美，对方就一定会被感动，并愿意成为我们工作中的合作伙伴。

1.过好心理这一关

在工作中，我们与同事都是相互合作的关系，并不完全是互相竞争。毕竟把整个工作项目做好，才是老板的最终诉求。所以，当你在一些工作项目中遇到一些困难，应该主动寻求帮助，不要认为向别人寻求帮助就是自己能力低下的表现，每个人都有擅长和不擅长的一面，或许你擅长的恰恰是对方不擅长的。而且，在主动求助这个过程中，还可以建立和谐的同事关系。

2.明白你需要什么样的帮助

通常情况下，模棱两可的目标往往会导致模糊不清的结果。所以，当你需要向上司或同事求助的时候，需要明白自己到底需要什么样的帮助，这样可以增加成功的概率。同时，也可以节省一些时间。

3.向具体的某位寻求帮助

假如你处在一个写字间，笼统地问是否有人愿意提供帮助，那他们就会觉得“估计是没什么事情才可以参与”，这样你所获得自愿帮助的机会就很少。但是，假如你想好在同事中谁可以帮助你，那你就直接去找这个人，这样你争取获得帮助的机会就大很多。

4.感谢对方的帮助

当对方协助你完成工作项目之后，一定要记得感谢对方的帮助，这样对方感到自己所花费的时间和精力是受到相当肯定的。而且，即便在你以后需要帮助的时候，也可以再请求帮助。如果对方需要你帮忙，你也应该答应，这样才能建立相互协作的关系。

5.将功劳送给别人

假如老板和同事都夸你工作完成得很好，你应该让他们知道谁帮助了你，将功劳分一些给帮助你的人。这不仅会让帮助你的人心里感到由衷地高兴，也会给老板留下好印象。毕竟，聪明的管理者总是欣赏那些齐心协力为共同利益一起完成工作的人。

在公司，我们接触最多的就是上司与同事，工作的事情需要向上司汇报，工作的细节需要与同事商量，对于我们来说，他们无疑是我们工作中的核心人物。对此，需要与同事、上司做好沟通，建立好关系，或许只有这样，你的职途才会更加平坦。不仅如此，当我们需要帮忙的时候，应该主动寻求帮助，这样可以减轻工作上的不少压力。

积极沟通，表达你的善意

我们都知道，现代职场，无处不存在着激烈的竞争，也需要很密切的合作。时代的发展，决定了合作与竞争的辩证关系。我们需要在竞争中胜出，体现我们的工作能力；但同时，现代社会工作要求，每一项工作都离不开他人的帮助与台作。那些高情商的人，无论他们参与什么类型的工作，进入什么公司，他们总是能以最快的速度融入环境，并赢得同事和领导支持，工作顺利，而那些自命清高，不善于同他人合作的人必然举步难艰，在竞争中失败。

俗话说得好："浇树浇根，交友交心。"身处职场，要获得他们的信任和支持，我们首先需要做的就是要懂得如何与同事、领导交流。那些职场人际关系良好，和同事、领导相处融洽的人，无不做人低调、性格温和、举止稳重，有时候，一张笑脸或一句问候，就能让我们感受到善意，对于他们，我们往往都信任有加。

那么，身为职场中人，该如何才能做到善意交流，以此也获得他人的支持呢？

1.克制自己的情绪，不要对同事发脾气

办公室中，经常有这样一些些人，他们总是自以为是，容不得任何批评建议，常怒气冲冲，向同事发脾气，或是为一点小事到处抱怨，骂骂咧咧，或是牢骚满腹，怪话连篇。这样的人，谁又会喜欢呢？

我们都知道，人的情绪是会感染的，但谁都讨厌无故伤害别人情绪的人。哪怕他是为了工作，为了"正事"。因此可见，控制好自己的情绪多么重要。每个人的情绪都会时好时坏。学会控制情绪是我们成功和快乐的要诀。

2.发挥微笑的魅力

俗话说得好，伸手不打笑脸人，对于别人善意的微笑，我们怎么可能会拒绝呢？卡耐基说，笑容能照亮所有看到它的人，像穿过乌云的太阳，带给人们温暖。行动比言语更具有力量，微笑所表示的是："我喜欢你，你使我快乐。我很高兴见到你。"工作中，我们对他人多报以微笑，就会让同事被我们的善意和热情所打动，久而久之，他们也会对我们回以微笑。

有微笑面孔的人，就会有希望。没有人喜欢帮助那整天皱着眉头、愁容满面的人，更不会相信他们。而对于那些受到上司、同事、客户或家庭的压力的人，一个笑容却能帮助他们了解一切都是有希望的，世界是有欢乐的。只要活着、忙着、工作着，就不能不微笑。

3.要学会真诚地赞美你的同事和领导

可能很多人会认为赞美领导实为小人之举，那么，那些赞美领导的话就也说不出口。那么请问，你有打心眼里认为领导好吗？如果没有，你就找到为什么赞美之言难开口的原因了。这是一种既不能客观地看待自己，也不能客观地看待别人的表现。因此，从现在起，你不妨多看看同事们的优点，这样，你就能由衷地赞美他们了。比如，看到女同事打扮得得体，就可以夸她今天看上去很精神，精干不失妩媚，她听了一定会很高兴。而夸男同事，则可以称赞其幽默风趣，办事精炼。从另一个角度来说，你经常夸奖别人，也会给人造成亲近感，对你日常工作都是帮助，你办任何事情都会比别人容易。一个能搞好人际关系的下属往往能得到领导更多的关注。

4.以真诚打动人心

身处职场的我们，无论我们从事什么工作，都要抱以热情。而对于我们周围的同事，我们也要以诚相待，用诚心和热心打动同事。热的心是首要，对工作、对同事都积极。热的态度，如关心同事，见面打招呼，买些小东西，参加大伙活动，写些小卡片……都是方法。此外，还有最重要的一点便是，要想得到同事的认可，必须得首先主动敞开自己的心怀。从一开始就要讲真话、实话，不遮遮掩掩，吞吞吐吐，要以你的坦率获得新同事的好感和尊重。

因此，从现在起，不要再苦恼自己为什么在办公室得不到同事和领导的喜欢、事事不如意了，或许过失并不在于他们，而在于我们没有做到用真心、诚心、热心打动他们！

给予信任，将权力放手给下属

巴菲特说："只有平庸的将，没有无能的兵。"大凡优秀的领导者总是可以从身边挖掘人才并可以充分发挥他们的潜能，而那些拙劣的领导者总是抱怨无人能用。于是，那些优秀的领导者带领身边的人才不断走向成功，而那些拙劣的领导者却在抱怨中走向没落。作为领导者，应该学会将权力放手给别人，有的领导者是天生喜欢操心，他的心无时无刻不是在担心这担心那，好像一刻也不能放松，于是，他的整颗心都是紧绷着的。在生活中，无论是大事还是小事，他们都不放心别人去做，而是亲力亲为。当然，凡事都亲力亲为，这是一种负责任的态度，但若是太过亲力亲为，那就是有点以自我为中心了。对下属给予信任，将权利放手给别人，你会发现这才是应有的成功者的风范。

王姐从小就有个习惯，对于有关于自己的事情，她必然是自己去做，她不放心任何人去做。在她年纪尚小的时候，有一次，她背着厚重的东西回家，身边的朋友好心建议说："让我帮你背一程吧。"结果她也拒绝了，理由是怕对方将她的东西掉地上了，朋友听到这个理由，下巴都快掉了下来。

长大后，王姐的这个习惯更是日益严重。高中毕业后，王姐就在一家蛋糕店当了收银员，平时没事就是守在那个柜台边，不让任何人接近自己的工作位置。店长吩咐："你在有时间的时候，教教店里的导购收银。"结果，王姐也是经常将这样的吩咐忘记了，她从来不放心把自己的工作让别人去干。就因为这样独特的习惯，她在店里的人缘相当不好，但她工作倒是很负责任，工作了几年之后，她升职当了店长，这样她显得更忙了。早上，她是第一个到店里，晚上她是最晚离开蛋糕店，因为她不放心任何一个店员，她需要亲力亲为收货、摆货、收银，虽然这样一来，自己算是放心了，但长久以往这样拼命地上班，王姐真是疲累不堪。但她若是想到不去店里，让店员们去做，她的心就更累。

没过多久，王姐终于累倒了。躺在医院里，她所担心的还是蛋糕店："今天货到齐了吗？""货物摆放得整齐吗？"坐在床边的老公忍不住说："你总是这样，凡事亲力亲为，你以为自己多伟大，但其实是抹杀了店员们表现自我的机会，今天早上我路过蛋糕店，发现没有你，他们依然将事情做得很好，有条不紊，你就不用操心了，你现在是店长了，很多事情完全可以交给别人去做。如果你总是操心，那你永远有操不完的心，你自己也会身心俱累。"

在案例中，王姐虽然升职成为了店长，但她没有将手中的权力放手给下属，对店里的很多事情总是亲自去做，结果病倒在床上，她的累不仅在身体上，而且来自于心理。因为太过于操心，她几乎每时每刻都在想还有什么事情没做好，她就好像一个陀螺一样，不停地转，直至最后无力地摔倒在地上。其实，她完全没必要这样累，放手将一些事情交给别人去打理，不仅轻松了自己，而且给予了下属展现自我的机会。

生活中，一个人操心太多就会使其身心疲惫，反之，如果将别人能做的事情交给其他人去做，自己只是观看或指导，这样反而会轻松很多。当然，要想培养这样的习惯，首先应该学会信任别人，以及放松自己。你只有足够地信任了别人，才能放心地将事情交给对方；你只有放松了自己，才不会那么执着地想要自己亲自去做。所以，不要太过操心，让自己过得轻松一点，将某些人和事交给别人去办，这样自己才能轻松起来。

权力的存在是一个十分合理的现象，对于领导和下属而言，却是一个敏感的话题。权力就意味着权威，领导需要这样的权威，下属也需要在这个权威下尽量自由支配自己的各项活动。无疑，这就形成了一个比较有活度的矛盾，其焦点在领导和下属之间移动，而领导者就是支配者。在很多时候，领导应该放手一些权力给下属。

1.肯定下属

英国女演员和诗人乔吉特·勒布朗说：“人类所有的仁慈、善良、魅力和尽善尽美只属于那些懂得鉴赏它们的人。”任何一个下属都希望得到别人的肯定，尤其是上级的认可。美国著名的企业管理顾问史密斯指出：“一个员工再不显眼的好表现，若能得到领导的认可，都能对他产生激励的作用。”

2.信任下属

权力是一切的基础，在此基础之上产生信任后释放权力。虽然，信任是一个很简单的词，却是一个包含深妙玄机的改变，信任产生的心态就是认可，领导只有认可了下属才能信任他。一位管理学家说：“我相信部属具备必须的技能和设备，能推动我授权执行的任务，于是我得以专心思考策略问题。”放手一些权力，不仅是领导者的自我松绑，而且也是一种本质的需要。

领导者所扮演的角色就无疑于一个母亲，当一个母亲放手让孩子跑步的时候，她确信孩子已经能跑了；当孩子在迷蒙中被母亲放手后才知道母亲放手的原因，因为孩子已经得到了信任。理由是权力，领导者放手权力给下属，也就是说，我信任你了，给你权力，你必须得去巩固它，发展它，那他就会很快变得优秀起来。

第 07 章

情商高的人学会放下，从容不迫向前行

人生要懂得放弃，有些事情既然无法改变、无可挽回，那就适时放下，过好当下，重塑自我，为自己而活。别太过于执着，这是用来要求自己的，而不是要求他人的。可以获得自然欢喜，但放手何尝不是一种获得。

放开手，才会获得身心轻松

在很多人眼里，在北大学习是令人羡慕的，因为这里是中国最高学府，然而，北大人的压力也是我们无法想象的。而其实，如果他们也能够放慢一下脚步，对一些事学会放手，那么，他们一定能得到身心的放松。

同样，我们生活的周围，也有这样一类人，他们勤恳、努力、认真，对亲人无微不至地照顾，工作中事必躬亲，他们总是希望周围的一切都在他们的掌控之中。然而，正因为如此，他们比其他人活得更累，承受着无法摆脱的压力，而实际上，这些压力是他们自己给自己的，而如果他们能学着放手，自然会轻松很多。

周末这天，严华终于抽出时间，离开了令人窒息的办公室，她把自己的姐妹玲玲约出来，两人约在了一家咖啡厅见面。

“最近怎么样？”玲玲问道。

“什么都好，就是这个工作，快让我崩溃了啊，以前做小职员的时候倒还好，现在一当主管，原以为做了领导可以轻松点，但没想到事情更多，什么事都要亲自处理。”

“我看你呀，就是操心的命，很多事，你不去做，交给下属，其实更好。”

“怎么说？”严华不理解玲玲的意思。

“你想啊，如果你是下属，你的领导什么都不让你干，还什么都要插手，你怎么想，是不是觉得领导不相信你的能力？”玲玲说完后，严华点点头。玲玲继续说道：“那就是啊，你自己累个半死，还吃力不讨好，你看那些大公司的领导为什么那么闲，没事就去打高尔夫什么的，就是因为他们懂得放权，把工作交给下属做。这样，不仅锻炼了下属的能力，更重要的是，这是一种信任下属的表现。”

玲玲的一番话点醒了严华，她决定是该调整一下自己的管理方式了。

这里，玲玲的一番话是有道理的：交给下属一些权力，不仅能分担自己的工作，还能让下属的能力得到展现，让他们产生自豪感。而最重要的是，这是我们释放压力、培养情商的重要方法。

的确，很多企业领导者每天不得不面对繁忙的工作，还有来自公司、同事及下属的压力。各方面的压力使他们穷于应付，却抽不出时间做真正该做的事：解决根源性问题、统筹布局、培养下属。压力还使他们心力交瘁，持续处在焦虑状态之中，在工作中难以发挥最大成效。诚如一位管理者所言，“做一个主管，要注意目标，就像游泳一样，要一边游，一边看前方，不要一头撞到池壁才知道到了。不要花太多时间在小问题上，要多花时间在目标上。”

的确，那些在工作中做到游刃有余的人，通常都是懂得放权的，他们相信下属能做好，于是，他们能为自己腾出更多的时间愉悦身心，放松自我。因此，如果你是个领导者，那么，你应当抛弃将员工当做工具的行为和封建家长式的作风，取而代之的应是尊重员工的个人价值，合理地设计和实行新的员工管理体制，最重要的是要做到给予下属权利，把员工看成企业的重要资本、竞争优势的根本，并将这种观念落实在企业的制度、领导方式等具体管理工作中。

另外，给予下属权力也是为领导者自身分担工作的重要方法。在领导工作中，面对看似无法完成的工作任务，领导者最有效的办法就是要知人善任。这样领导可以腾出一些时间和精力抓大事，部属也可以小试牛刀。

同样，生活也是如此，我们不可能掌控生活中的方方面面，即使我们的亲人，他们也希望有自己的生活空间，放开手，你的身心也会得到放松。

老王是某单位的员工，他有一位品貌俱佳的妻子，她在单位里是中层干部、先进工作者，在家里她是贤妻良母，对丈夫照顾得无微不至。她从不让丈夫洗衣做饭，丈夫加班，她去送饭。丈夫穿的用的，全是她买，丈夫的皮鞋、领带都是她擦、她系，丈夫辛苦工作时，她总是左右侍候，端茶倒水。每每论起“内助”如何，老王朋友总是羡慕他的“福分”，羡慕他们亲密无间，朝夕相伴。

但老王总觉得自己的妻子与人家相比有天壤之别。半年后，老王居然与他的贤妻离婚了，据说单位和亲朋好友调解多次，妻子也不解地问他“哪点对不住你”，但他铁了心，坚持离她而去。很多同事曾直截了当地问他是否另有新欢，是不是喜新厌旧，他只是说：“过腻了，这样活着，吊不起胃口。”

生活中，可能很多妻子都和故事中老王的妻子一样勤勤恳恳地为家庭操劳，对丈夫无微不至地照顾，她们对老王夫妻俩的婚姻结局也会产生质疑：到底哪里出了问题？从老王的话中，我们大致能了解到男人们内心的想法，他们需要的是一位妻子，而不是一位母亲。朝夕相伴，无私奉献，爱情之火也不一定就能持久地燃烧。

总之，无论是生活还是工作中，懂得放手，不仅是对对方的一种尊重和信任，更是现代社会人们释放压力、调节身心的重要方法，否则，你抓得越牢，你就越累！

智者懂得及时放弃

人生在世，我们想要的实在太多，我们也都曾有自己的梦想，但我们所想要的，并不是都能得到，我们的梦想也不一定都能实现。社会大舞台上，每个人都是自己生活和生存方式的编导兼演员，只有学会正确地进行选择，有所为，有所不为，学会放弃，才能卸下压力，才能演绎出精彩的人生喜剧。因此，我们可以说，懂得放弃是一门智慧，更是一种高情商的表现。

另外，对于很多人来说，他们都渴望自己能变得完美，但事实上，世间没有完美的人和事。其实，缺憾本身也是一种美。我们不妨想想，就连权倾天下的统治者都无法拥有天下所有的最美，何况是常人。因此，对于那些不适合自己的选择，我们要果断放弃。追求完美固然是一种积极的人生态度，但如果过分追求完美，而又达不到完美，就必然会产生浮躁的情绪。过分追求完美往往不但得不偿失，反而会变得毫无完美可言。

人的一生，不可能什么都得到，相反，有太多的东西需要我们放弃。爱情中，强扭的瓜不甜，放手的爱也是一种美；生意场上，放下对利益的无止境的掠夺，得到的是坦然和安心；在仕途中，放弃对权力的追逐，随遇而安，获得的是一份淡泊与宁静。

古人云：无欲则刚。真正的放下，才是一种大智慧、一种境界。因为不属于我们的东西实在太多了，只有学会放弃，才能给心灵一个松绑的机会。表面上看，放下了就意味着失去，所以是痛苦的，但实际上如果你什么都想要，什么都不想放下，那么最终你什么都得不到。人生苦短，无非几十年，有所得也就必有所失。只有我们学会了放弃，我们才会拥有一份成熟，才会活得坦然、充实和轻松。

然而，现代社会中的人们，拿起来容易，放下却难。因为你如果放下了就等于是承认了失败，就如同是认输。在我们所受的教育里，强者是不轻易言败的。所以，我们常常会被一些高昂的英雄气词语所激励，不屈不挠、坚定不移、坚持到底、永不言败等。是的，我们的人生需要砥砺。但是，如果是一个走在了死胡同里却还是要坚持走到底的人，他并不会成为英雄，他的死不认输，只会让他更快毁灭自己。

从前，有甲乙两个人，他们生活得十分窘迫，但两人关系却很要好，经常一起上山打柴。

这天，他们和以往一样上了山，走到半路，却发现了两大包棉花。这对于他们来说，可以说是一大笔意外之财，可供家人一个月衣食丰足。当下，两人各自背了一包棉花，赶路回家。

在回家的路上，甲眼前一亮，原来他发现了一大捆上好的棉布，甲告诉乙，这捆棉布可以换更多的钱，可以买到更多的粮食，应该换做背棉布。而乙却不这么认为，他说，棉花都已经背了这么久了，不能就这么放弃了，乙不听甲的话，甲只好自己背棉布回家。

他们又走了一段路，甲突然望见林中闪闪发光，走近一看，原来是几坛黄金，他高兴极了，心想这下全家的日子不用愁了。于是，他赶紧放下肩上的布匹，拿起一个粗滚子挑起黄金。而此时，乙仍是不愿丢下棉花，并且他还告诫甲，这可能是个陷阱，还是不要上当了。

乙不听甲的劝告，甲只好自己挑着黄金和乙一起赶路回家。走到山下时，天居然下起了瓢泼大雨，两人都湿透了。乙更是叫苦连天，因为他身上背的棉花吸足了雨水，变得异常沉重，乙不得已，只能丢下一路辛苦舍不得放弃的棉花，空着手和挑黄金的甲回家去。

故事中的这两位村民为什么在收获上会有如此的不同？很简单，因为背棉花的村民不懂变通，只凭一套哲学，便欲强渡人生所有的关卡。而另外一位村民则善于及时审视自己的行为。的确，在追求目标的路上，应当审慎地运用您的智慧，做最正确的判断，选择属于您的正确方向。同时，别忘了随时检视自己选择的角度是否产生偏差，适时地进行调整，千万不能像背棉花的村民一般，要时时留意自己执著的意念是否与成功的法则相抵触，追求成功，并非意味着您必须全盘放弃自己的执著，去迁就成功法则。只需您在意念上做合理的修正，使之契合成功者的经验及建议，即可走上成功的轻松之道。

俗话说，拿得起，放得下；反过来理解，放得下的人，才能拿得起；该扔的扔，有些无谓的坚持是没有任何意义的。放下既是一种理性的决策，也是一种豁达的心胸。当你学会了放下，你就会觉得，你的人生之路会宽广很多。

人的一生需要我们放下的东西很多。古人云：鱼和熊掌不能兼得。如果不是我们该拥有的，那么我们就得学会放下。人生注定要经历多姿多彩的风景，唯有放下才能拥有别致的风韵。过去常听人说，人要懂得放弃。放弃是对事物的完全释怀，是一种高妙的人生境界。而放下则更具有丝丝缕缕的难舍情怀，是一首悠扬的乐曲，在每个人的心底奏起。

每一种舍弃都有回报

人在一生之中，总是不停地得到，同时也不断失去，正是在不断地得到和失去之中，人渐渐成长成熟，更加学会如何坦然从容地面对生活。常言道，人生不如意十之八九。没有谁的人生会是一帆风顺的，唯有采取淡定平和的态度面对人生，坦然面对人生的得到和失去，得到了不会欣喜若狂，失去了也不会怅然若失，灰心绝望。这样的人生，才能称之为从容。

毋庸置疑，人的本心都是自私的。很多时候，人们都渴望得到，而害怕失去，这也无可厚非。大多数舍弃，往往不是心甘情愿，而带有被迫的意味。在这种情况下，与其被动地失去，沉浸在失去的痛苦中，不如敞开心胸，让失去成为一种心灵的解放，成为另一种形式上的获得。有的时候，舍弃的确是一种得到。诸如，我们舍弃了利益，得到了朋友的真心和钦佩；我们舍弃了工作上的一个机会，得到了宽容大度的胸怀；我们舍弃了抱怨，得到了轻松愉快；我们舍弃了与他人的纷争，得到了心底无私天地宽……每一种舍弃都有回报，当你怀着宽容的心，即会感受到这些回报。

很久以前，有三个人一起在深山里开采金子。他们每天都日出而作，日落而息，在深山里辛苦劳作十年之后，终于各自都积攒到很多金子，因而三人商议着回家，颐养天年。他们马上开始收拾行李，带上几包沉重的金子，一起乘船出发了。不想，他们走了两天，在还有一天的路程就要到家的时候，海上就突然起了大风暴，眼看着船身就要倾覆了，为了求生，他们不得不面临保住性命还是保住金子的选择？第一个人死活不愿意放弃金子，最终抱着金子掉入大海。第二个人呢，虽然丢弃了一部分金子，但是也最终掉入大海。只有第三个人，果断地丢掉所有的金子，独自一人抱着浮木，经过一天一夜的漂浮，回到了岸边。

因为已经知道了金矿的脉络，回家休养生息之后，这个人再次打造了一艘坚固而又结实的大船，回到他当初开采金子的深山里。这次，他带来了几个儿子，很快发掘出很多的金子。有了上次的教训，他们在回去的航行中非常小心，一旦看到有风暴即将来临，就赶紧采取预案。最终，他们成功回到家里，过起了富裕的生活。

在暴风雨面前，如果不放弃金子，就意味着会失去生命；如果放弃金子，就意味着能够得到一线生机。在这种情况下，放弃金子并非是真正的放弃，而是以此换取性命。和金子相比，当然还是性命更重要，因为如果丢了性命，也就失去了金子。前两个人都因为没有想明白这个道理，最终葬身海底。第三个人及时放弃金子，最终逃得活命，也才有了机会带领儿子们去挖掘更多的金子。

人生总是不断地面临选择，舍弃也是一种选择。任何情况下，该放弃时就放弃，我们才能顺势而为，得到更多。朋友们，人生之中的任何东西和生命相比都是微不足道的。该舍弃时就舍弃，不是为了一无所有，而是为了让我们得到更多。

放下重负，是为了更好前行

王阳明曾经说过："喜怒哀乐，本体自是中和的。才自家着些意思，便过不及，便是私。"意思是：喜、怒、哀、乐，本体原为中和。自己一旦有了别的想法，稍有过分或达不到，便成了私欲。唯有放下，才能轻松前行。

当我们需要前行的时候，需要放下重负，让自己的心变得轻盈，这样才能更好地前行。重负，有可能是我们心灵上的包袱，也有可能是我们肩膀上的负重，但不论是哪里存在的负担，这都将阻碍我们继续前行，甚至会让我们身心疲惫不堪。在人生的道路上，有的人因为负荷太重而步履维艰，有的人因为欲壑难填而疲于奔命，有的人因为深陷其中而难以自拔。如果你想要所走的每一步充实而轻盈，那么，适时放下一些重负，让自己的人生变得轻盈，这何尝不是一个可行的办法。生命如舟，载不动太多的物欲和虚荣，假如你不想在这生命之舟搁浅或者沉没，那就应该放下重负，让自己轻松前行。

小宋从小就喜欢画画，拿着笔在墙上、报纸上涂画着五颜六色，妈妈看见了，就把他送到了美术班里学习。长大后的小宋更加喜欢绘画了，高考那年，他费了口舌说服了妈妈，让自己报考美术学院。在大学里，小宋描画着自己的蓝图，他会坚持下去，通过画画挣钱来让妈妈幸福。

大学毕业后，小宋开始找工作了。他整天奔波于各家报社，希望能够成为报社的一名美术编辑，可是，各家报社的总编都以种种理由拒绝了他的求职申请。在多次碰壁之后，他绝望了，本来希望通过自己的一技之长带给妈妈幸福的生活，却发现社会根本没有自己的容身之地，养活自己已经很困难了。在现实的残酷打击下，他开始愈加颓废了，妈妈心疼地说："你既然那么喜欢画画，不如自己开一间画室吧。"小宋听了，觉得心里很难受，当初是想通过找份工作继续自己的绘画创作，现在却需要自己的这份才华去养家糊口。在这样一种矛盾的心情中一直纠结着，这让小宋觉得自己身上好像背负了一块大石头。

思索了很久，小宋决定放下心中的重负，自己开一间画室。于是，他在亲戚朋友处借了十几万，再加上妈妈的积蓄，他开了一间属于自己的画室，既教小朋友画画，又出售自己的作品。几年之后，小宋的画室成为了这个城市有名的美术培训学校，他不仅还清了所有的欠债，还拥有了自己的房子、车子和存折上不小的数字，当初给妈妈许下的承诺也实现了。他每天教画之余，用心地钻研自己的作品，也逐渐提高了自己的绘画水平，在美术界里，也成为了小有名气的画家。

对于绝大多数人而言，面对沉重的负荷，以及自己梦想得到的东西，他们无法放手，他们会本能地抓住那些东西，唯恐失去。在难以割舍之下，如果真的失去了，他们就会为得不到而烦恼，郁郁寡欢。小宋适时放下心中的重负，既解决了眼前的生活问题，而且为自己实现梦想奠定了基础。

有时候，心灵的重负才是真正阻碍我们前行的绊脚石，如果我们总是放纵内心，无法放下某些欲望，那我们是难以保持轻松的姿态前行的。因此，不要放纵自己的内心，要让不堪重负的心灵变得轻盈起来。当我们无法得到的时候，放下也是一种智慧。

生活中需要我们坚持的东西太多，以至于我们承受不了现实给我们的压力，那么不妨学会放下一些东西，这是一种生存的智慧。因为只有放下了某些东西，你才会重新得到一些东西。

选择舍弃，人生不必如此沉重

人生就像是负重前行，随着路程越来越远，我们所承受的压力就越来越大，身上的担子也就越来越重。另外，如果我们心中欲求越多，我们所承受的东西也将越来越沉重。就像一个背负重物的人，在行走的路途中，这样他也喜欢，那样他也舍不得放弃，最终，包袱越来越沉重，压得他弯下了腰，但是他依然舍不得丢掉一样东西，拖着艰难的脚步，一步一步向前挪动。有时候，我们得到的东西越来越多，但是，我们所感兴趣的东西却越来越少，那种来自心灵间的快乐也丢失了，于是，人生便是那么沉重、烦闷。

可能，我们都听过这样一句话：远路无轻物？当然，并不是每一个人都有挑担的经历，出发的时候我们往往很轻松，但越行越远的时候，就会感到举步维艰，甚至，会不自觉地抱怨为什么会选了那么多的东西。但是，望着前方的路，依然不舍得放弃，只能挑着担子往前走。以至于我们达到了终点，再打开自己的担子，发现里面有很多东西都不是我们所需要的。或许，对每一个即将远行的人来说，能够收获一份简单的快乐才是最重要的吧。

表姐硕士毕业后留在了一所名牌大学任教，工作得心应手，很受学生们的欢迎。在三年教学过程中，表姐已经在国家级刊物上发表了十余篇论文，还出版了一部专著。很快，学校破格提拔表姐为副教授，任命其为教研室主任。对此，身边的家人朋友都为她感到高兴，大家都认为，只要表姐能够继续走下去，教授、博士生导师只不过是时间问题而已。可是，就在表姐事业如日中天的时候，她却作出了令大家跌破眼镜的事情，表姐毅然辞去了前途光明的大学教师的工作，应聘到美国一家著名公司做一名普通的员工。

父母感到十分惋惜，忍不住问女儿：“你以前的工作不是挺好的吗？别人都是可望而不可及，你为什么选择舍弃呢？”表姐却说：“这么多年来，我最大的收获并不是金钱和名誉，而是努力挑战自己的乐趣，丰富自己的阅历，如果我继续在这个岗位上工作，我会感觉到苦闷。一直以来，我很看重自己内心到底想要什么，所以，我鼓起了勇气去放下，这样，我才能感受最甜的快乐。”

或许，在别人看来，表姐的跳跃，并不像大家心目中完美的一跃，甚至，这样一跃存在着一定的风险，但是，表姐自己并不在乎世俗的衡量标准，她清楚地知道自己内心到底更想要什么，所以，她鼓起了勇气选择了舍弃，自然，在表姐的生活中，她感受到了一份简单的快乐。

1.生命不必如此沉重

每个人都背负着一些包袱，有的沉重，有的轻盈。尽管这些东西对我们而言都是重要的，但是在前进的路上，我们需要敢于放下，否则它就会变成我们的包袱。痛苦、孤独、寂寞、灾难、眼泪，这些经历可以使我们人生得到升华，但如果一直记住，那就成为了人生的包袱。

2.你所放下的与获得的将成正比

对于每一个人来说，放下与得到是相得益彰的，当你得到的东西越多，却越容易失去轻松的快乐；相反，当你鼓起勇气放下了某种东西，就有可能收获最甜的快乐。

一个人只有敢于去舍弃一些东西，才能够放下心中的怨气、烦恼，也才能够轻松地争取一些东西。如果他什么都不肯舍弃，那么，他也没有多余的时间和精力去追求新的获得，不仅得不到快乐，反而会在忧郁中度过余生。

放下身外之物，轻装前行

人生有很多身外之物，诸如钱财，总是生不带来，死不带去的。然而，虽然大家都知道钱财如此，却依然对其趋之若鹜。究其原因，金钱不是万能的，但是没有钱却是万万不能的。现代社会物质条件极大丰富，人们的欲望也随之膨胀。越来越多的人对生活充满渴望，甚至怀有奢望，这一切梦想的实现都要靠金钱作为支撑。在这种情况下，如何能够做到洒脱呢？整个时代都变得物欲横流，作为生活在其中的人们，要想明哲保身当然是很困难的。这需要极大的毅力控制自己，也需要我们认清生活的本质，明确自己对于生活的最终追求。

当你有钱了，就一定会变得快乐吗？也许对于现在身无分文的你而言，有一万块钱就会很快乐。但是当你真的拥有一万块钱，你就会梦想着拥有十万、一百万……所谓欲壑难填，说的就是这个道理。如果人们失去初心，忘却自己对于生命最初的渴望，就会被欲望驱使着做很多违心的事情，导致人生无比沉重。不知道你是否曾经看到过街边的乞讨者，即使饿着肚子感受阳光的照射，他们的脸上也时而会露出满足的微笑。难道他们不想要功名利禄吗？当然，如果你问他们这个问题，他们的回答必然是肯定的。然而，以现状为出发点，他们只想要吃饱肚子穿暖衣服，而且有阳光可取暖。这是因为，他们在生存的困境中降低了要求，所以更容易得到满足。那么我们呢？虽然我们的起点就比他们高很多，但是我们要想得到快乐，就应该努力控制对于物质的欲望。对于这些身外之物，得到太多也许只是累赘，让我们的心灵无法轻松翱翔。

因为忙于工作，李杜患了严重的颈椎病。医生建议他多运动，这样才能帮助身体恢复健康。因而，李杜决定加入好友的驴友团，一起去爬山。从大学毕业到现在，李杜已经三年多没爬山了，因而颇有些兴奋。头一天晚上，李杜就开始收拾背包，为自己准备了大量的食物、水、牛奶、肉干，还有水果。为了清洁，他还带了一大包湿纸巾。当然，山里的天气多变，李杜还细心地带了一件雨衣。在指定地点集合之后，朋友看到李杜鼓囊囊的背包，惊讶地问："你怎么带了这么多东西？"李杜自豪地说："吃的喝的一应俱全，你要是缺少什么就来找我。"朋友摇摇头，说："你大概以为咱们是悠闲惬意地旅游了。这个驴友团可是专业爬山，速度很快的，如果带的东西太多了，你就很难跟得上大家的速度，就会落后。"李杜不以为然，说："没那么玄吧。我不至于因为这点东西，就爬不动了。放心吧。"

等到所有人到齐了，大家开始迅速地爬山。刚开始时，李杜还能紧跟在朋友身后，与朋友谈笑风生，即使朋友劝他少说话保存体力，他也不以为然。后来，他就越来越气喘吁吁，不得不停下来休息。然而，他又不敢休息太久，否则就失去了大部队的踪迹。就这样，李杜越是心急，就越疲劳，他带的那么多东西在赶到休息地点之前根本没有机会吃，因而的确如朋友所说，成为他沉重的负担。这时，李杜才意识到朋友说的话是对的，在体力消耗达到极限时，哪怕是一小瓶饮料，都是不能承受之重。难怪那些专业的登山队员，即使爬珠穆朗玛峰，也只是带着有限的食物和水，最大限度地减少负重呢！

李杜的爬山装备，看起来就像是郊外游玩，充满着悠闲惬意的情调。然而，爬山是非常消耗体力的一项运动，尤其是在这种有组织的驴友团里，爬山更是有时间的限制，必须到了指定地点才能休息。而经验丰富的人员，不但不会带太多的东西，也不会让自己吃太多的东西。因为食物哪怕进了肚子里，一旦过量也是身体的负担。这个事例告诉我们，一个人如果想要快速行进，一往无前，就必须彻底放下那些身外之物，从而才能轻装上阵。虽然让一个人捧起一个几十斤重的东西一分钟不是难事，但是如果把时间延长到几十分钟，那么哪怕捧起的只是几斤重的东西，也会觉得犹如万斤。因而，不要贪婪地把所有的东西都背负上，否则在漫漫人生路上，一定会有让你追悔莫及的那一天。

实际上，很多人之所以觉得人生苦短，就是因为过分追求这些身外之物，诸如金钱权势，功名利禄等。古人云，“心底无私天地宽”，这句话就是说如果人们能够放弃私心杂念，就会豁然开朗。因而，我们要想得到快乐，就必须真正地舍弃一些外物。

第08章

情商高的人能看破，却不妄自菲薄

人生本如梦，要学会看淡一切，善待自己。现实生活不尽如人意，我们并不能左右幸福，痛苦、烦恼总是不期而至，面对痛苦我们或许无法逃避，但我们却可以选择善待自己。任何时候都不要妄自菲薄，或许好运就会降临在自己身上。

别妄自菲薄，做自己足够闪亮

生活中，我们常说：“人无完人。”这句话的意思是，人都是有不足的。但这并不代表我们一无是处，因此，我们大可不必因为别人比自己优秀而妄自菲薄，做自己，才能获得出彩人生。

心理学家认为：一个人如果自惭形秽，那他就不会成为一个美人；如果他不相信自己的能力，那他就永远不会是事业上的成功者。从这个意义上说，如果你是个自卑的人，那么，树立自信心是战胜自卑感的最好的方法。

哲人说得好，你听到的并不一定完全正确，也不要因为他人的议论而妄自菲薄，否则就会陷入自卑的“心灵监狱”。的确，我们发现，总是有一些人，他们除了拿自己的缺点与别人的优点相比外，他们还喜欢听那些不该信的话，然后，他们便看不清真正的自己、埋藏了自己的潜力，最终，他们会变得自卑不堪。

我们经常提起“情商”这一问题，其实，一个高情商的人始终是自信的，他们能对自己做出一个正确、客观地评价，在人际交往中能表现出大方的姿态，最终，他们也能获得别人的信任。因此，我们有必要把树立自信心作为培养情商的一个重要方面。

我们先来看下面一个职场故事：

小蕾是个很勤奋的姑娘，但就是有个缺点，那就是有点自卑，导致做事扭捏。她在现在这家广告公司已经工作五六年了，但这么长时间以来，她好像就是个可有可无的人，因为她几乎没接过什么重要的任务，尽管在大家看来，小蕾是个人品好、工作认真的女孩。

最近，她似乎转运了，在公司的选举大会上，她被同事们选举为公司新部门的副主管，她总算进入了中层管理人员的行列。她好运连连，公司还给她安排了去法国总部进修的机会。

一直业绩平平的小蕾居然有这次机会，很多人都急红了眼，他们都争相往老总的办公室跑，希望也能争取到这个机会。

这天上午，小蕾正在整理资料，她接到电话，经理让她去一趟。当她坐下时，经理笑着说："这次你被老总点名派去法国进修，说明公司对你寄予了厚望，你的工作能力和态度也是一直被公司肯定的。但这几天，一些资历老的同事不断来找我，让我十分为难，你也知道，说实话，他们的资历真的比你老，工作能力也不比你差，如果你能让步，下次我一定再给你争取更好的机会。"

经理说完这些话后，小蕾傻站了半天，她不知道该怎么办。接着，经理让她回去好好想想。

小蕾实在不知道怎么办，最后，她决定给自己的好朋友秦玲打个电话，让她为自己支个招。秦玲从来都是个很有主见的人。

秦玲听她说了个大概，马上就笑了："如果你让出这次机会，你觉

得别人在背后会怎么议论你？”

小蕾没明白过来，说：“我怎么知道啊？”

秦玲叹了口气，说：“你以为别人会说你善解人意、先人后己吗？别傻了，他们会说你傻、缺心眼、没脑子。已经到手的学习、升职的机会你拱手于人，他们不但不会感激你，还认为你是个白痴呢。而你的领导，也可能认为你缺乏干练的工作能力，你认为他下次会真的把机会留给你？你就别做梦了。”

小蕾急了：“可是，经理还等着我回复呢，我要是不答应，那以后我还怎么在公司混啊？”

秦玲说：“我劝你还是直接说自己需要这次机会，否则，你经理可能还会认为你扭捏作态呢。再说，万一这是他故意试探你的呢？如果你真的退让了，让别人拿走本该属于你的机会，以后他会稳稳当当地继续当领导，或者升职调去其他部门，那么你能剩下什么、得到什么？等到下次，说不定又有人要跟你抢呢。”

小蕾觉得秦玲的话很有道理，于是，就采纳了她的意见，回复人事部经理说：“我很感激公司和经理对自己的栽培，很珍惜这次出国进修的机会。”

进修回来后的小蕾果然干练、大方多了，少了过去的很多稚气。

这则案例中，我们看到了一个自卑害羞的女孩的成长过程，刚开始的小蕾显得很不自信，庆幸的是，她得到了好朋友的指点，大胆表达了自己的想法，获得了历练的机会。

可见，只有大方为事，只有自信，才能让别人相信你。生活中，我们可能更在意别人对我们的评价，我们无时无刻不在展现我们的心态，无时无刻不在表现希望或担忧。但如果别人不相信我们，如果别人因为我们的思想经常表现出消极软弱而认为我们无能和胆小，那么，我们将永远不可能担当大任。

心理学家认为，内控的人认为自己可以掌握一切，外控的人认为自己事事受制于人。如果你内心自卑、妄自菲薄，并且也不愿意去克服，那么谁也无能为力。

以下是克服这一错误意识的几种方法，你不妨尝试一下：

1.客观地认识自己

意思就是不仅要看到自己的优点，也要看到自己的缺点，并客观地给予评价。要做到这一点，除了自己对自己的评价，还要注意从周围人身上获取关于自己的信息。这些人可以是我们的父母，也可以是我们的朋友，也可以是我们的同事，只有这样，我们才能够逐步形成对自我的全面客观的认识。

2.全面地接纳自己。

接纳自己的优点，而容不下自己的缺点，是很多人容易犯的错误。一个人首先应该自我接纳，才能为他人所接纳。

因此，真正的自我接纳，就是要接受所有的好的与坏的、成功的与失败的。不妄自菲薄，也不妄自尊大，不卑不亢，才能健康地发展自己，逐步走向成功。

你还需要积极地完善自己的不足。这些不足，指的是某些内在上的，比如，学识、技能、素质等。

3.对于别人对你的批评，理性地看待。

因为别人批评你是免不了的，尤其是我们中国人很喜欢说别人。如果你对别人的批评很在意，心理上就会很难过，愈辩就愈黑；如果你以理性的态度、开放的心情去接受，心情反而会坦然。

主动出击，大胆秀出自己

自古以来，中国人都强调做人要谦虚内敛，但这并不意味着我们要妄自菲薄，在激烈的职场竞争中要处处逃避。如果你在关键时候不敢表现自己的才华，那么，只能错过大好的晋升发展的机会。

的确，敢于表现自己是自信的表现，自信的人最可爱，自信的人最阳光，自信的人最勇敢。敢于表现自己的人会给身边的人带来动力、带来自信、带来快乐。

相信我们都看过赵本上的小品《不差钱》：当赵本山扮演的爷爷为自己的孙女推荐贵人的时候，餐厅的服务员小沈阳却发现了这是个机会。于是死死地抓住不放，愣是获得了贵人的青睐。尽管这是一个主题是花钱吃饭的小品，但是侧面也向所有职场人士提供了一个启示：身处职场，要想从竞争中脱颖而出，我们就要懂得表现自己，只要你有才能，敢于抓住机会，让他们了解你的本事和才华，你就能获得领导的青睐，事业有成就变得简单多了。

一次，在某学校五年级召开的班长竞选大会上，一个小女孩站了起来，她身材矮小，涨红了脸但却很有力地说道："虽然我并不优秀，学习成绩也不太好，但请大家相信我，给我一个机会，我也想为班级做点事。请投我一票吧!"

这样热烈的请求，有谁会不答应呢？于是，同学们报以热烈的掌声，一致同意这位小女孩担任班长。从掌声中，这位女孩听到了同学们热情的鼓励："你能行!"当时，她激动得哭了。上任以后，她工作得很出色。

生活中的你也是个自信的人吗？的确，自信是我们生命里的一根顶梁柱，而自卑必将让我们一事无成。自卑来自与人相比的后果。自卑的人，总哀叹事事不如意，老拿自己的弱点比别人的强处，越比越气馁，直至比到自己无地自容。一个人若对自卑心理处置不妥，无法解脱，长期被自卑感笼罩，总是自惭形秽，就无法以一种正常的、健康的心态与人交往。

华裔女主播宗毓华曾说过："不要怀疑自己的才华。"她之所以能够以一名华裔的身份跻身在人才济济的美国电视圈，受到大众的肯定和喜欢，就是凭借她的才华和自信。的确，女孩们，你也要自信起来，只有自己相信自己，才能在挫折连连的时候努力走出自己的路，不因别人而放弃自己，没有任何人可以放弃你，除非你先放弃了自己。

那么身处职场，我们该如何表现自己呢？

1.积极暗示，鼓励自己

如果你很想让领导记住你，看到你的才华，而你却不敢站出来，那最终肯定是“无可奈何花落去”“一江春水向东流”，落得个自怨自艾。如果你不勇敢地走出自己设置的心理障碍，不主动地展示自己，那么你真的很难做到。为此，你不妨告诉自己：我有实力和优势，我有专业能力和无限的潜力，我是最棒的！你必须有自信心，对认准的目标有大无畏的气概，怀着必胜的决心，主动积极地争取。

2.主动出击，赢得注意力

从现在起，再也不要蜷缩在办公室的某个角落了，主动出击吧：在电梯里遇到领导，不妨主动打个招呼，然后和他讨论一下手头的工作；在会上，如果你有更好的建议，大胆地表达出来吧；你可以主动定期向老板报告团队的最新工作绩效，反映自己优秀的领导能力；同时主动与其他相关部门建立关系，介绍你的职务，让他们了解你能为他们做什么，你有什么资源可以分享。让他人看到你的自信与能力，你会获得完全不一样的工作感受！

总之，生活中的人们，如果你有满腹的才华，就别再孤芳自赏了，学会表现自己、大胆站出来吧！

有了瑕疵，才会显得与众不同

天气无论怎么样风和日丽，都免不了留下随风的尘埃；人生无论怎么的繁花似锦，都会害怕迷失了壮阔的胸怀。其实，在这个世界，没有绝对的完美，正因为有瑕疵，才显得更完美。瑕疵，是完美的前提。我们怎么样才能找到完美呢？在瑕疵中，是没有完美的，就好像这个世界上没有两片完全相同的叶子。对此，哲学家这样解释："完美就在于他并不完美，世界根本不存在完美的标准，然而却有完美主义者。"其实，瑕疵和完美是相对的，有了瑕疵，才会显得与众不同，才会显得更完美。可以说，世间万物，所有的美都是有瑕疵的，因此才会显得与众不同。

所谓的完美终究是不完美的，瑕疵使得完美不断地发展，不断地进步，这样的美丽才会显得更不一样。西楚霸王项羽，自恃清高，认为只有自己才是最完美的，最终却失去了眼前的大好江山，含恨自刎乌江；王阳明格物致知，认为只要完全认清事物，事物就会最完美，最终却是毫无结果；关羽年迈却自恃雄才，结果败走麦城。那些总是追求完美，容不下瑕疵的人，结果却是以瑕疵结束。在这个世界，任何事物都是美丽的，因为有了瑕疵，所以才会是独一无二的美丽。

有的人一生都在追求完美，殊不知这个世界根本没有完美，完美不过是一种理想的境界。人的一生注定会有许多的瑕疵，你收获一些，就会注定失去一些，因为没有人可以完美地获得一切。

1.别为完美而纠结

对于完美的东西，那是十分遥远而高不可攀的境界。虽然，在生活中我们都很崇尚完美，也尽自己的一生来追求完美，但我们距离完美到底有多远，完美到底是一种怎么样的境界，我们无从得知。我们常常为生活中的瑕疵而烦恼，其实，这都是不值得的，因为这个世界不存在绝对的完美。万事万物，因为有了瑕疵，才会变得那样完美。

2.瑕疵也是一种完美

我们不能描述完美到底是怎么样的一种境界，但我们知道完美是独一无二的。这样想来，难道瑕疵不是一种完美吗？因为瑕疵，使得事物本身更加与众不同，这样看来，这件东西本身就是完美的。所以我们说，瑕疵也是一种完美，因为有了缺憾，才会让美丽显得更加与众不同。

3.一件东西最大的成功在于其瑕疵

当雄伟的三峡工程顺利竣工，成为举世瞩目的成功典范时，记者曾激动地问：“三峡最大的成功在于哪里？”负责此项工程的工程师说：“最大的成功在于对它的批评。”确实，一件东西最大的成功在于它的瑕疵，因为瑕疵，它才会逐渐变得更完美。

生活中，学会接纳别人的缺点，你才能拥有更多的朋友；学会接纳事物的瑕疵，你才能知足常乐。世间没有绝对的完美，太刻意地去追求完美，那只不过是给自己施加压力，甚至会让自己烦恼一生。敢于面对瑕疵，因为有了瑕疵，才使得这样的美丽显得与众不同。

真正的富足，来自心灵的充盈

叔本华说："一个人的自身拥有越多，那么，别人能够给予他的也就越少。"当一个人内心强大、富足的时候，别人能够给予他的东西确实很少。生活中的人和事会影响你的感受，但究竟怎么想、怎么做，最终决定权还是在你手里。强大的内心能从正面引导你的个人成长，还能帮你在创业过程中获得周围的支持。

一个人的情绪由自己把关，带着积极态度迎接挑战，你会发现这个世界充满着各种难以想象的机遇和可能性。但心里不可避免地也会产生一些负面想法，扰乱你的思维。遇到这种情况就先停下来，提醒自己，这些沮丧无助的感觉只是暂时性的。对自己说，你能把所有负面的东西甩到一边，重新拥有强大的内心。

当然，一个人的内心不仅仅是需要强大，更需要富足。浮世之中，总有许多人为追求物质享受、社会地位和显赫名声等身外之物，而心力交瘁、疲惫不堪。他们怨天尤人，欲逃离其中而不可得，皆因忽略了自己的内心，不明白内心富足的道理。

心境明澈，知足常乐！得到不一定就是享受，不要总是将眼光盯着别人，不要与别人比，不贪不求，自然知足，自然快乐。快乐源自于内心，痛苦亦源自内心，修身修口不如修心，只要心潜修好了，心境自然会敞亮开来。

因为内心强大、富足，所以一直快乐地生活；因为心无旁骛，所以活得轻松。不忘最初的至善至美，才有如此的美好年华。人生不过如此，当你内心空虚，开始为了生活奔波，让原本轻盈的心灵负载欲望时，生活只会越来越艰难，你脸上的微笑也会越来越少。

遵从内心，别太关注自己

叔本华认为，人为什么会懦弱和胆怯，恐怕是太过于关注自己。有人抱怨："每天活得好累，好像一刻都没有轻松过。"现代社会，越来越多的人开始抱怨自己"活"得很累，不是工作累，吃饭累，睡觉累，而是"活得"太累。难道，每天的生活真的那么累吗？还是太关注于自己，在乎别人对自己的看法？

心理学家认为：一个人若是遵从内心的感受，选择自己喜欢的生活方式，他是感觉不到累的。那么，我们所感觉到的累是怎么回事呢？大多数都有这样的经历：上学的时候，父母总是指着隔壁的孩子说："瞧瞧人家，成绩多优秀，你得向他看齐。"大学毕业了，父母长辈都说："还是当个老师，或者考考公务员，这才是铁碗饭，其他的都不是什么正当的工作。"工作的时候，上司总是告诉你这样不对，那样不对。我们生活的最初点，似乎总是关注着自己，总是在意别人对自己的看法，总是在讨好别人，而从来没有讨好过自己。

小资是一名歌手，以前，她也有过抱怨的时候，每次上节目，她都会抱怨："太辛苦，实在受不了压力太大的生活，有时候，为了讨好歌迷、媒体，我一年发行两张专辑，但是，又想把工作做得更好，这样的工作量简直令我崩溃。"以前的工作时间安排得很紧，白天上通告做宣传，晚上还要去录音棚完成下一张专辑的录制，这样的生活超出了小资可以承受的范围，每天她都感觉到很累，但是心中的怨气却无处诉说。最后，在内心快要崩溃的时候，她选择了退出歌坛。

在四年的休息时间里，小资做自己喜欢的事情，她说："以前大家都是看我怎么变化，现在我是用自己的脚步来看大家的改变。虽然现在我年纪大了，似乎变得老了一些，但是，年龄并不是我能掩盖的东西，我也想永远年轻，但是，这就是时间给我的礼物。在我成长的过程中，我得到的最大一份礼物是不用费劲去证明自己，只需要做自己喜欢的东西，跟着自己的步伐，在以后的时间里，如果我能完全坚持自己的选择，那就是最好的生活。"或许，年龄对于小资来说，似乎变得大了一些，但是，这样一个年龄，正是一个不需要讨好任何人的时候。最近，小资复出了，在工作上，她已经与唱片公司达成了一致的意见，不需要拿任何事情炒作新闻，同时，不需要为了赢得名气而故意报唱片的数字，自己可以自由自在地唱歌，这是小资最喜欢的一种状态。

她这样告诉所有的媒体："我不需要讨好所有的人，我只需要做自己喜欢的事情。"然而，就是这样一句话，令所有的媒体工作者既羡慕又嫉妒，因为对于媒体工作者，他们的工作就是在讨好所有的人，从而将自己的委屈和自尊放弃。每天，都有许多人为了人际交往，为了生存而讨好他人，他们在这样的过程中感到很累，甚至感觉到心力透支。到底是为了什么，我们需要对身边所有的人尽力讨好呢？原因在于太关注于自己。

王娜是同事们公认的“好人缘”，或者说，她是一个从来不唱反调的人，在任何时候，她的观点都与大家一样。在办公室里，一个东西，只要是同事们都说“这个东西真的很好”，她就会随声附和“真的很好啊”；一件衣服，同事们都说漂亮，她也会表示同意“颜色十分均匀，款式也很新颖”；一份策划案，大家都说不错不错，她也会承认“设计比较独特，很不错”。于是，只要王娜在办公室，大家都喜欢问她的意见，虽然从来都知道她不会说一句反驳的话，但是，大家似乎成为了一种习惯，凡事都希望王娜能够说两句好听的话。这可给王娜带来了许多烦恼，每天为了应付那些同事，总说“好啊，这个好”“不错，不错”。即使心里面觉得这个东西真的不咋样，但是，为了赢得一份好人缘，以免得罪同事，王娜还是满脸笑容说：“我觉得很不错。”

可是，每天回到了家里，王娜就开始抱怨连连了：“真累！搞不懂那些同事是什么欣赏眼光啊，明明那个东西没有什么用，偏偏宝贝得不得了；一件过了季的衣服，还说漂亮；策划案完全是抄袭网上的一篇文章，大家都称赞得不行了，为了应付他们，每天真的好累！”同居的好友张莉笑着说：“既然累，干嘛不做回自己，说自己喜欢的话，做自己喜欢的事情，干嘛搞得自己这么累，我就从来不说违心话，得罪了他又怎么样？我还是照样工作。”王娜叹息着：“唉……”

对此，一个公认的“好人缘”却有一肚子苦水需要倒：“每天，我觉得我都不是为自己在生活，而是为别人在活，为了讨好他们，我把自己喜欢的一切都放弃了，最后，他们还是不满意。白天，戴着微笑的面具，晚上回到家，没有人愿意分担我的烦恼。我感觉到内心有股气，它在不断地积累、膨胀，我害怕有一天自己会崩溃。”在日常交际中，与他人建立良好融洽的关系是极其重要的，但是，并不是以放弃自己喜欢的为代价，我们并不需要过分关注自己，去讨好所有的人，有时候，保持自己的个性，往往会令我们有意外的收获。

在日常生活中，我们都会羡慕那种所谓的“好人缘”，似乎每个人跟他都能聊到一块去，更关键的是，他所说的每一句话，所做的每一件事，都是按照大家的心思而来的，他没有理由不会受到大家的喜欢。在公司，上司说这个方案不行，他一句话不说，马上改成了上司喜欢的方案；挑剔的同事说，今天的打扮好像不太和谐，第二天，他就真的换了一套同事眼光的服饰；在家里，爸妈说，新交的男朋友没有固定的工作，她就真的决定与男友分手，重新找了一个能让父母觉得满意的男朋友。在这个过程中我们都会发现，自己不过是在讨好身边的人而已，我们逐渐失去了自己的生活。

叔本华认为，我们要懂得这样一个道理：你不需要太关注于自己，因为只有自己喜欢才是最重要的，因为，你所过的生活没有任何人来分担你的烦恼、愤怒。

专注于自己的追求

叔本华认为，人性一个最特别的弱点就是在意别人如何看待自己。每个人对一个事物都有一个主观的看法和评价，一味在意别人的看法，你将找不到属于自己的路。每个人都有自己的特点和优势，别人对你的简单评价，不足以反映你的真实情况。做人要有自己的主见，还要有充分的自信，相信自己的判断力，不要轻而易举地听从他人的意见，而改变自己的主张。每个人的使命终究还要靠自己来完成，你人生的目标，是独一无二的，是专属于你自己的。它神秘而又绚烂，值得你用一生去追求。

从前，有个学生酷爱文学，他苦心撰写了一篇小说，请一位著名作家指教。因为作家正患眼疾，学生便将作品读给作家听。读到最后一个字，学生停顿下来。作家问道："结束了吗？"听语气似乎意犹未尽，渴望下文。这一追问，煽起学生的激情，立刻灵感喷发，马上接续到："没有啊！下部分更精彩！"他以自己都难以置信的构思叙述下去。

到达一个段落，作家又似乎难以割舍地问："结束了吗？"

我的小说一定是精彩绝伦，叫人欲罢不能！他这样想着，心里更加兴奋，更加激昂，更富于创作激情。他不停地往下接续……最后，门铃声骤然响起，打断了学生的思路。

有客人到作家家里做客，他们的交谈被迫中断了。客人走后，作家说："其实你的小说早该收笔，在我第一次询问你是否结束的时候，就应该结束。何必画蛇添足，狗尾续貂？该停则止，看来，你还没把握情节脉络，尤其是缺少决断。决断是当作家的根本，否则，拖泥带水，如何打动读者？”

学生追悔莫及，想想作家的意见，觉得自己的性格和情绪易受外界左右，不能沉下心来，无法把握作品的主旨，恐怕不是当作家的料。

没过多久，这个学生遇到另一位作家，羞愧地谈及往事，谁知这位作家惊呼：“你的反应如此迅捷、思维如此敏锐、编造故事的能力如此强盛，这些正是成为作家的天赋啊！”

不同的两位作家，从不同的方面给予了截然相反的两种评价。学生听后，不禁茫然。

这个故事告诉我们，每个人对一个事物都有一个主观的看法和评价，一味在意别人的看法，你将找不到属于自己的路。美国职业足球教练文斯·伦巴迪当年曾被批评“对足球只懂皮毛，缺乏斗志”。贝多芬学拉小提琴时，技术并不高明，他宁可拉他自己作的曲子，也不肯做技巧上的改善，他的老师说他绝不是个当作曲家的料。但他们都勇于走自己的路，不被别人的意见和评论所左右，最后取得了举世瞩目的成绩。

人要从没路的地方走出一条路来，不要泯灭了自己的个性，而一味地模仿别人。那样只会迷失自我，连的命运自己都把握不了。“走自己的路，让人们去说吧”，我们对但丁的这句名言并不陌生。可是，我们在生活中是否信奉它，实践它呢？

要知道，在这个世界上，生活着60亿各自具有不同特质的人，在他们各自的生活轨迹中，至少也存有上亿种成功模式。当我们每一个人特定的优势与劣势、需要与理想是如此的与众不同时，怎么可能存在一种放之四海而皆准的成功模式呢？

人生只属于自己，一味遵循他人的思想，不敢面对真理是懦弱的表现，这样的人生是悲哀的。我们应该成为主宰自己命运的人，走自己的路，走出自己的风格，走出自己的个性，这样我们的人生才会是独特的，才会是精彩的。而且，如同我们每一个人有不同的生活轨迹一样，每一个人对成功的定义也是截然不同的。

成功的定义并不取决于你渴望的目标，而是取决于你达到目标后的满意程度。也就是说，每一个人都应该有自己的人生，有自己的成功之路，在这条成功之路上，都应该有属于自己的成功底牌，打拼出自己不一样的人生。

第09章

情商高的人懂得经营爱，陪伴的感情才幸福

爱情是很神奇的，有时候会让人智商变低，有时候会让人付出一切。持久的爱情是需要经营的，懂得经营爱的人，可以让自己的生活变得更加美好，更加风趣；而不懂得经营爱情的人，他们在爱情里只会感觉烦恼多多。

好的爱情是浪漫与现实的结合

每个女人心里，都有一个瑰丽的公主梦，这也是现在很多人都喜欢追求浪漫爱情的原因。她们渴望遇到梦中的白马王子，渴望坐在王子的马车里纵横驰骋，渴望与王子享受浓烈灼热的爱情。然而，无论多么轰轰烈烈的爱情，最终都会落实到生活的柴米油盐酱醋茶上，回归到平平淡淡的生活之中。在日久天长里，风花雪月终究抵不过柴米油盐，一切的爱情都要从绚烂归入平淡，最终成为最美好的人生景象。

很多低情商的人会纯粹地认为爱情至上，以为只要拥有爱情就拥有一切。高情商的人却知道，不管是爱情还是物质，都缺一不可，只有在现实基础上的爱情，才能实现真正的浪漫。由此可以得出一个结论，爱情与面包兼得才是双丰收的人生，才是浪漫的人生。

恋爱时，玛丽即使要天上的星星，林峰也会想法设法地给她摘来。然而，结婚之后，玛丽依然养尊处优，而林峰整日忙忙碌碌，有了孩子之后更是又当爹又当妈，不但要照顾孩子，还要照顾十指不沾阳春水的玛丽。

渐渐地，林峰对于玛丽不再那么好了，甚至很有些嫌弃的意味。一天，因为孩子发烧，林峰带着孩子去儿童医院输液，回家之后天色已晚，又冷又饿又累的林峰，发现家里冷锅冷灶，连口热水都没有，不由得冲着玛丽大发雷霆："孩子生病了，你不知道吗？你为什么不能烧点儿热水，给孩子做口热饭呢？你配当妈吗？你配当妻子吗？你赶紧给我滚吧，这个家有你还不如没你呢！"

玛丽委屈极了，一直以来都是林峰做好饭给她吃，她从来没有自己做过饭。现在，对她言听计从、呵护备至的林峰居然让她滚，她一气之下就回到了娘家。知道事情原委后，妈妈也生气地说她："你呀，不怪林峰骂你，你简直是太过分了。你说说，你们自从结婚之后，一直是林峰伺候你，没有孩子的时候也就罢了，有了孩子他一个人能照顾得了俩吗？孩子不生病也就算了，还好带一些，孩子生病了，林峰带着孩子去医院，你在家里照样当娘娘，你真是不配当妈，不配当妻子啊！你要是不好好改改你这娇生惯养的坏毛病，别说林峰嫌弃你，孩子长大了也会抱怨你的。家是什么，家就是妈妈的味道，你有味道吗？你能做出来有味道的饭菜吗？家里处处都有妈妈的影子，你却给家留下了太少的痕迹。你现在一气之下回了娘家，人家林峰一个人带着孩子反而更轻松，因为不用照顾你了！"妈妈的话使玛丽羞愧不已，她开始认真深刻反省自己对于婚姻的态度和在婚姻中扮演的角色。

玛丽当然离不开林峰和孩子，最终，她下定决心改变自己，从最简单的煎鸡蛋开始，最终做出一桌色香味俱全的佳肴，也给了林峰浪漫之后充满烟火气息的人间爱情。

爱情不管多么浪漫，最终都要落实到实实在在的生活中，落实到柴米油盐酱醋茶的人间烟火中。当然，也并非说生活不需要浪漫，但是生活更需要脚踏实地。一个高情商的人，会把浪漫和现实结合起来，从而更好地实现人生的幸福计划。

总而言之，高在云端的爱情终究要落实到地面上的婚姻中，不管你对浪漫嗤之以鼻，还是对繁琐的生活无计可施，也或许你正徘徊在浪漫和现实之间，你都必须学会平衡这些微妙的关系，才能如愿以偿地得到幸福。可以说，现实和浪漫，就像是人的肉体和精神，一个人只有灵肉合一、心神合一，才能拥有完美的人生。同样的道理，婚姻和爱情也必须将现实和浪漫结合起来，要在顾全现实的基础上兼顾浪漫，才能获得真正完美的幸福生活。

精打细算，经营好生活

现代社会发展速度越来越快，物质极大丰富，也使人们在欲海中沉沉浮浮，不知道如何面对现实的残酷。的确，人的欲望是无止境的，尤其是面对膨胀的物质和金钱，往往无法控制自己贪婪的内心。归根结底，谁也和钱无仇，女孩更是做梦都想要得到美丽的时装、高档的化妆品、名贵的珠宝等等。由此一来，很多女孩变得拜金，恨不得找到一个有钱的男友作为自己的提款机，满足自己的贪婪欲望。殊不知，这样的女孩也许会如愿以偿得到金钱的满足，但是她终究会与爱情擦肩而过，甚至也会导致自己的一生变得无比悲惨。归根结底，她们为了金钱出卖了爱情。

还有的女孩虽然不会为了金钱出卖爱情，但是在找寻到爱情之后，却会让金钱扭曲爱情。她们虽然也很爱自己的男朋友，但是却更多地把男朋友当成是自己的取款机。不管什么时候，只要没钱了就去找男朋友要，或者肆无忌惮地花男朋友的钱，因为她们觉得花男朋友的钱是天经地义的，所以丝毫不觉得心疼，更是对生活没有长远的规划。不得不说，这样的女孩也并非珍爱男友，她们更希望是有一张长期饭票和取款机。一个真正深爱男友的女孩，会比珍惜自己的钱更珍惜男友辛苦挣来的每一分钱，即便男友的钱供她任意支配，她也会很努力地精打细算，为他们未来的幸福思谋。

大学毕业以后，暮秋和大学同学赵凯正式确立了恋爱关系。他们都是农村出来的孩子，因而都两手空空，一无所有。赵凯感激暮秋不嫌弃自己穷，始终对自己不离不弃，因而工作之后拿到第一个月的工资，他就一分不剩地交给了暮秋，并且说："亲爱的，以后咱家你当家，不管我挣多少钱，都全部交给你，由你打理。"暮秋拿着赵凯的工资，感动极了，说："你放心，我一定当好家，不让你失望。这第一个月的工资，咱们就不存了，父母辛苦供养我们上大学不容易，咱们都拿来回报父母。"听到暮秋的安排，赵凯更加确信自己没有找错了人。

后来，暮秋给赵凯的父母买了一台空调，用自己的工资也给自己的父母买了一台冰箱。从第二个月开始，暮秋变得精打细算，绝不浪费每一分钱。有一次，赵凯在情人节的时候给暮秋买了一束花，暮秋批评了赵凯，说："一束花一百多块钱呢，够咱们一个星期的生活费了。我不需要鲜花，以后你可千万别买了，只要咱们齐心协力地把日子过好，比什么都强。我还想买房呢，咱们要加油挣钱，努力攒钱啊！"赵凯把暮秋抱在怀里，感动不已，说："亲爱的，你真是我的福星。放心，我一定加油挣钱！"

几年之后，暮秋和赵凯终于攒够了首付，在郊区买了一套小公寓。虽然面积很小，只有四十多平，但是他们结束了漂泊的生涯，已经非常满足了。他们在自己的房子里举办了婚礼，暮秋似乎看到幸福正在向他们招手呢!

和赵凯在一起，暮秋从未觉得自己是找到了一张长期饭票，或者是找到了一台取款机。相反，她非常节俭，甚至不愿意浪费每一分钱。她深知，赵凯工作也很辛苦，也知道他们一穷二白地起家，需要更加俭省才能尽快实现安定的心愿。不得不说，赵凯找到暮秋是福气，不过暮秋也得到了自己想要的幸福。如此皆大欢喜的结局，是每个人都愿意看到的。

也许一个人挣钱的确很辛苦，但是千万不要认为有两个人挣钱就可以肆无忌惮地挥霍了。一切幸福的未来，都需要我们与所爱的人携手并肩，努力创造。所谓男主外，女主内，尽管现代社会男女平等，但是家庭的计划依然更多地依赖于女性。所以，唯有作为新当家人的我们精打细算，经营好生活，才能获得幸福圆满的生活。

善于观察，找到对的那个人

很多人在遭遇爱情的危机时，常常抱怨自己当初瞎了眼，看错了人，把爱情不幸的原因都归结于没有看清楚对方的真面目。归根结底，对方的真面目始终没有改变，都是因为我们没有火眼金睛，更没有慧眼识人。

人是非常感性的动物，尤其容易受到第一印象的蒙蔽。在爱情之中，我们往往更加关注对方的外在条件，诸如对方的身材是否高大、相貌是否英俊，以及很多客观的经济基础，诸如家庭条件如何，工作是否有前途等等。对于爱情真正需要考察的本质内容，诸如对方的人品、性格、道德、为人处世的风格、价值观等，我们却无法在第一时间就形成准确的印象。因为这些隐藏的深层次内容，都需要我们花费更多的时间深入观察和了解对方才能透彻掌握。特别是在恋爱的过程中，不管是男人还是女人，都会有意识地隐藏缺点，表现出最优秀的一面，这样一来爱情就显得更加美好，也会因为怦然心动的感觉导致情人眼里出西施，即便发现对方的缺点，也觉得是可爱的、可以接受的。

然而，爱情不会永远都让人心醉沉迷，从最初的激情到渐渐地回归到现实生活，女孩不再情迷意乱，而是恢复理智和平静。此时，在她眼中那些男性的优点，渐渐褪去光芒，反而是此前不引人注意的缺点，全都变得醒目起来。假如没有足够深厚的感情基础，能够彼此包容和忍让，也许爱情就会戛然而止。

作为一名“三高”剩女，亚楠一直对于爱情充满憧憬，虽然已经三十岁了，但是她对待爱情还如同十几岁的少女一般纯真。一个偶然的机会，亚楠在网络上邂逅了一个名叫“斯通”的男性。斯通自称是一家公司的中层管理者，有房有车，但是唯独缺少爱情的滋润。他们一见如故，相谈甚欢，亚楠很快就喜欢上了风趣幽默的斯通。

没过多久，亚楠就在一家高级西餐厅与斯通进行了第一次约会。见到高大英俊的斯通，亚楠不由得怦然心动，认定了对方就是自己的真命天子。此后的日子里，他们的感情急速升温，斯通更是经常体贴入微地送礼物给亚楠，使亚楠无数次幻想如果自己能够成为斯通的妻子，该是多么地幸福和幸运啊！

后来，斯通有好几天没有联系亚楠，亚楠不由得着急起来，打电话询问斯通发生了什么事情。电话里，斯通吞吞吐吐，似乎有什么难言之隐。在亚楠的再三追问下，他才说：“最近，我和朋友一起开办了一家公司。不过，这几天周转资金有些困难，我正在四处筹钱呢。你乖乖的，我过几天就去看你。”亚楠怎么能任由自己的爱人为了钱着急，却无动于衷呢。她马上说：“有困难，你怎么不告诉我呢？难道我不是你最亲近的人吗？你把卡号告诉我，我有三十万积蓄，都给你用。”斯通再三推辞，亚楠坚决要立即转账，斯通却说：“我的账户是公账，这样吧，你取出现金，我过去取一下，因为我正好要给一个大客户现金作为定金。”亚楠没有多想，当即和银行预约，取出了三十万现金给斯通。出乎亚楠的预料，从此之后，斯通就像是人间蒸发了一样，再也没有任何消息。此时，亚楠才发现自己既不知道斯通的工作单位在哪里，也不知道斯通的家在哪里，唯一知道的斯通的手机号，也已经再也打不通了。

现代社会，利用网络恋爱进行经济诈骗的不在少数，很多单纯的人因此上当受骗，导致身心都受到伤害，经济上也蒙受严重损失。对于这样的现状，如何才能避免呢？其实也很简单，毕竟网络上的恋爱并非都是骗局，我们不能由此一朝被蛇咬，十年怕井绳，所以最根本的解决之道还是要学会辨识之道，练就自己的火眼金睛。

实际上，只要我们在恋爱中不浮躁，更多地关注对方的内在品质和涵养，也许就能避免被表面蒙蔽。尤其需要注意的是，对于对方一闪而过的很多缺点，千万不要掉以轻心。虽然我们不能只盯着对方的缺点看，但是我们也要保持清醒和理智。尤其是对于网络上认识的异性，更要提高防范意识，注意保护自己。所谓路遥知马力，日久见人心，小心谨慎肯定是没错的。总而言之，在恋爱中一定要慧眼识人，了解自己所爱的人。即便是在恋爱过程中，也要保持敏感细腻的心，千万不要因为在爱情中沉迷，伤害了自己。

爱情像养花，要精心陪护

相信很多人都会有这样的感觉：诗人的爱情我们并不懂，他们似乎永远有磨灭不去的激情，爱情在他们看来就是艺术，他们总是能很好地驾驭，就如徐志摩一般，他的爱情早已成为北大人津津乐道的话题。也许我们也有这样的疑问，爱情和婚姻到底有什么不同？

“爱情”是人世间永恒的主题，由此成就了无数个凄婉哀怨让人断魂的爱情经典。遗憾的是，自古以来只有经典的爱情，却鲜有经典的婚姻。因为当轰轰烈烈的爱情被平淡单调无限重复的柴米油盐生活所替代，再伟大的爱情弹指间也会灰飞烟灭。于是乎就有了一种流行的说法——婚姻是爱情的坟墓。的确，不论你们的爱情是如何的完美，步入婚姻殿堂以后相互之间的感觉和婚前相比多少都会有些许的改变。有人说婚姻需要保鲜，如果做不到就有可能让你的婚姻感情处于亚健康状态，那么如何才能让婚姻持久的保鲜呢？

一个男人，事业有成，这天是他与妻子的结婚纪念日。早上，秘书提醒他这点后，他给首饰店打了个电话，订了一枚最新款式的戒指，并对服务员说：“请把戒指包好，天黑之前送到我家，给我妻子，我还要参加一个会议。”另外还让服务员帮忙写了一张卡片：“亲爱的，晚上我还有一个会议，抱歉不能与你共同庆祝。”

晚上，开完会后，他顿感疲惫，独自来到天台，准备透透气。就在到达楼顶门口的时候，他看见一个老师傅，在天台中央点了一排蜡烛，半跪在那里，对一位白发苍苍的老婆婆说：“老伴儿，今天是我们结婚三十年的纪念日，三十年以来，谢谢你对我的照顾，我们无儿无女，我希望我们都还活三十年，彼此依靠。”简短的几句话，充满了情意，男人的眼眶湿了，是啊，两个白发苍苍的老人，尚且还明白表达爱意、保鲜爱情，自己为什么总是以工作忙忽视妻子的感受呢？

接下来的事情是，他跑下楼，发动引擎，赶紧回家，当男人开车回到家时，看到妻子对着一桌子的菜发呆，不禁失声哭出来。

他向妻子保证，以后每年，都要带她去看看外面的世界，带她去吃最好吃的食物，看最美丽的风景，让她当世界上最幸福的女人，男人和他的妻子度过了一个快乐的结婚纪念日。

可是，让人久久思量的是，生活中，有多少人能和故事中的男主人一样，能及时悔悟保鲜在婚姻中的重要性呢？

爱情就像养花，要学会精心陪护，才能开放出灿烂的爱情之花。现代研究表明，爱情极易在男女婚后18至30个月后消失，俗称“爱情昙花症”。它严重影响夫妻之间的感情和和睦的家庭生活。婚姻中，当当初那份心灵的悸动被繁琐的生活逐渐磨灭时，你意识到了吗？那么，到底怎么为爱情保鲜呢？

有以下几条建议：

1.经常表达对爱人的关注

把别的事全都忘掉，全世界都消失无踪，只剩下亲爱的他，把你全部的注意力都放在对方身上，专心与他为伴。

在感情中，“感”觉“情”绪是关键。而当全神贯注时，我们传达了一份“我尊重你，我在乎你”的意念，这份用心会让对方觉得备受尊重，也能满足他心中渴望被尊重的情绪需求。

2.展现浓情蜜意

这里所指的是肢体上的亲密感。也就是说，在每日3乘3爱情保鲜时刻，别忘了动动口、动动手，用你的身体来表达爱意。

最佳的示爱肢体语言，我相信你一定也清楚，包括热情拥抱、轻摸脸颊、牵手、搂腰以及亲吻等等。除此之外，你还想得到什么独门的做法吗?

仔细想想，上述的这些肢体动作，都可以说是爱意的接触，而这也的确是关键所在，因为身体的接触，会产生不可思议的巨大力量。

此处，恐怕你心头早已冒出了些许微弱的声音：可是，卿卿我我这一套，根本不合乎中国礼教，何况都老夫老妻了，还这么恶心肉麻做什么?

事实上，心理学研究发现，抱不抱有差别，摸不摸有关系。

这是因为，当你以关怀的态度用身体接触别人时，彼此在生理上都会产生变化，压力激素降低，神经系统舒缓，甚至免疫系统功能也跟着增强。

而透过碰触、拥抱和亲吻，我们可以强烈地传递及接收爱的感觉，能够强化言语的情意，让爱情保鲜计划收到事半功倍的效果。身体的距离，往往反映出心里的距离。

3.创造生活情趣

创造生活情趣，改变单一的、日复一日的、没有变化的生活。比如，突然地给对方带来一个惊喜，或者将自己改扮一番装束，变化一下发型，或者改变自己的房间布置等等，都会使恋人感到新鲜和愉快。

4.保持一点神秘感

什么是神秘感呢？所谓神秘感，是指男女间的性别差异（包括生理和心理）而产生的新鲜奇特、深奥莫测等体验，它在整个恋爱乃至婚后生活中，都起着一种特殊促进、至关重要的作用。男人始终愿意保留着对女人的好奇心，他们喜欢女人的那种神秘感。

世界上最远的距离不是我在你身边，你却不知道我爱你；而是两个明明相爱的人，却不能在一起长相厮守。究竟我们之间的距离有多远？往往是，太近的距离，少点神秘；太遥远的距离，又容易相忘。那么在情感的道路上我们应该保持怎样的距离才算完美呢？

结婚后，夫妻天天生活在一起，每天重复着同样的事情，没有一点激情，久而久之，男人会产生乏味的感觉。而适当的小别，会产生一点空间上的距离，反而会找到热恋时的感觉。

两个人多沟通，可以避免很多矛盾

我们都知道，婚姻爱情生活中，免不了磕磕碰碰，可能有不少人在与爱人争吵时都扮演了受害者的角色，但指责的话刚脱口而出，你就后悔了。和对方说话总是生硬的，或者你的本意也许是好的，可说出来却全变了味——这时一场争执往往在所难免，错误信息的传递眼看就要引发家庭大战。其实，在问题出现的时候，只要你能静下心来，心平气和地与对方沟通与交流，就能免除很多矛盾。

有人说，婚姻中若没有沟通，那么这场婚姻迟早要不欢而散。沟通，就是要做到不要把话憋在肚子里，多和你的爱人交流你的想法，多了解你的爱人，如此一来，就会少了很多所谓的矛盾。沟通之所以能达到这样的目的，是因为它能让我们了解爱人的想法，从而帮助我们换位思考，这样，还有什么问题解决不了的呢?

银行职员张先生就是个善于经营家庭生活的人。他这样陈述道:

妻子有着一般女人的爱好——逛街，而且经常是日出时出门，日落时还不进门。因为这一点，我和妻子在结婚之初时闹过很多次矛盾。

记得那一次，五一长假的第一天，她就拉着我去陪她逛街。我只好硬着头皮去了，谁知道，妻子这个好动的女人，对什么都感兴趣，一会看看这个，一会看看那个，对于自己想买的东西，不仅要货比三家，还要讨价还价，我实在受不了，就催她赶紧付钱，结果妻子不高兴了。回家后，我们吵了一架。

自从那次后，只要妻子再拉我去逛街，我都千方百计地找借口推辞，时间长了，她也就不喊我了，而是找自己的姐妹。

其实，刚结婚时，我也希望能把妻子好动的性格扭转过来，希望她也能和我一样在家看看报纸，看看新闻，多学点东西，但被妻子“改造”自己的经历说明，把个人喜好和性格强加于人，无异于帮助别人制造痛苦，我的打算也就此“流产”。

如何协调夫妻关系呢?后来，我在翻阅历史书和看新闻时，都看到“求同存异”四个字，这四个字给了我启示，夫妻间也可以求同存异。跟妻子商量，她赞同这观点。于是，我们进行进一步协商，我们认为，妻子好动，就应她去参与适合她的活动，我喜静，则由我去从事自己喜欢的事儿，只要不超原则，即互不干涉；同时，我们觉得，还必须挖掘出一些共同点，否则，两个人的话题会越来越少。于是，我们买了副网球拍，傍晚时，我们就去小区的网球场锻炼。

时间证明，我们这套相处方法还是有效的。妻子再去逛街，一般只会告知我一声，我也不用跟着去了。而我则待在家中做自己喜欢的事，如上网聊天看新闻，读书看报写文章，互不干扰，各得其乐。如今我们的婚姻已过了七年之痒，期间少有矛盾摩擦，恩爱和睦。我和妻子的性格如此不同却能和睦相处，我想应该就是求同存异的结果吧!

从张先生的经验之中，我们能看出，他之所以能和妻子和睦相处，恩爱如初，就是因为他懂得和妻子沟通，最终让夫妻双方都能接受彼此的生活方式。

实际上，每对爱人之间，都会产生矛盾，但无论何种矛盾，都不能凭一时情绪，与对方大吵一架，而应该调节你的情绪，主动敞开心扉与对方沟通，这才是创造和谐关系的秘密所在。

那么，我们该怎样与爱人沟通呢？为此，我们需要掌握以下原则：

第一，不要带着情绪沟通。

任何时候，情绪的产生都会影响到我们对事物的判断。同样，夫妻间吵架也是如此，即使你的爱人做错了，你也应该让自己的情绪先缓和下来，等到双方都平静下来，你再批评，可能效果会更好。

1.多站在对方的角度思考问题，给予理解。

有句英国谚语说：“要想知道别人的鞋子合不合脚，穿上别人的鞋子走一英里。”这也就是让我们要能易地而处，能设身处地理解他人的情绪，感同身受地明白及体会他人的处境及感受，并可适宜地应其需要。婚姻与爱情中，也是这个道理。婚姻中的两个人虽然是夫妻，但毕竟来自于不同的家庭，有不同的社会阅历，“横看成岭侧成峰，远近高低各不同”。当我们从不同的角度看待问题时，却又是另外一番光景。你千万不要以为两个人熟悉了，就可以感情用事，说话不顾对方感受。这也是引发很多家庭矛盾与危机的重要原因，而在争吵之前，先站在对方角度考虑问题，多给爱人一份理解，那么，你或许能看到事情的另外一面，也就能平心静气地坐下来将问题解决。

2.别忘了道歉。

千万别以为你没错。俗话说，一个巴掌拍不响，既然与你的爱人产生了矛盾，你就有不可推卸的责任。再说，即使你认为在事件本身上你没有错，但你伤害了爱人的感情，这就是错。为此，你必须道歉。关于道歉，你不要含糊其辞地说自己错了，而应该找到道歉的理由，不然，对方会以为你想敷衍了事，那么矛盾不但没有解决，反而升级了。

3.找到解决的方法。

当彼此沟通、问题得到澄清之后，不要搁置问题，而应该解决。既然吵过架了，沟通过了，那么，就应该坐下来冷静地想想接下来该怎么做，这才是吵架的根本目的。

爱人之间意见不统一，有了矛盾之后，必须要及时地进行沟通。只有通过沟通，统一了认识，化解了矛盾，才能使“梗阻”的关系通畅起来，而一味地争吵是起不到任何作用的，反倒会令感情淡薄、关系不和谐。当然，沟通有道，只有掌握了这其中的道理、技艺，才能使沟通取得良好的效果。

总之，婚姻中遇到事情要冷静对待，尤其是遇到问题和矛盾时，要保持理智，不可冲动，冲动不仅不能解决问题，反而会使问题变得更糟，最后受损失的还是彼此的感情。以上几点，你做到了吗？

善解人意，包容对方的脾气

有这样一句话："世界上没有一百分的一个人，只有五十分的两个人。"婚姻是夫妻的结合体，两个五十分的人凑到了一起，才能算是一百分。所以，无论你觉得自己有多完美，在对方面前，你只有五十分，同时，对方也只有五十分，在这样的情况下，更需要包容对方。婚姻是两个性格迥异的人住在一起，即便是牙齿和舌头经常在一起，有时候牙齿也免不了会咬到舌头，更何况是两个人，时间长了，夫妻之间也免不了磕磕碰碰的事情。当然，造成矛盾和冲突的源头在于彼此之间的脾气，并不是说谁的脾气不好，而是每个人都有自己的脾气，相爱虽然简单，但相处太难。如果你想维持一桩美满的婚姻，想做一个善解人意的好伴侣，那就要学会包容对方的脾气。

张姐是一个脾气温和的女人，她几乎从来不生气，对于老公的脾气，她均是一一包容。当初，第一次带男朋友回家，母亲说："一看他的样子，就知道他脾气不怎么好，找老公就需要找一个脾气好的人。"张姐笑着说："虽然他脾气是差了点，但其他方面都很不错，工作很认真，对我也很好，我脾气好，完全可以包容他的脾气。”母亲叹了口气：“丫头啊，你就是心眼实在，人家都是男人包容女人的脾气，你却是包容他的脾气。”张姐撒娇说：“哪里，我们是互相包容。”

婚后，张姐从未与老公吵过架，每每老公的脾气爆发，张姐就选择沉默，或者打趣几句，不与之发生正面冲突。老公是典型的山东人，暴脾气，脾气一来了就摔东西，家里的碗筷不知道被他摔坏了多少。但张姐并不正面抱怨，而是开玩笑地建议：“麻烦你，下次可不可以选择一些摔不坏的东西？”这时气已经消了的老公便会摸着自己的头，不好意思地笑了。

有好几次，老公摔东西被姐姐看见了，便拉着张姐说：“你怎么能够容忍这样一个暴脾气的男人？我若是你，早休了他。”张姐笑了笑：“他也就这样一点脾气，包容一下就好了，他现在脾气都改了很多，比当初的他进步了不少，我已经知足了，摔摔东西也没什么，只要他能消气，否则，怨气积压在心里，对身体还不好呢。”姐姐没再说什么，因为她已经感觉到张姐已经领悟到婚姻的真谛了。

夫妻之间，最和谐的相处模式就是互相包容。有时候，我们总是称“个性不和”，难道这就是分道扬镳的理由吗？如果说真的是脾气不合，那也应该是彼此不够包容。耍脾气并不是女性特有的专利，女人有脾气，男人更有脾气，女人在希望男人能包容自己小脾气的同时，也需要理解男人，包容男人的坏脾气。

1.包容本身是一种理解

对对方脾气的包容，不是忍受，不是憋屈，而是一种理解，一种原谅后的宽容。在家庭中，两个人相处，因为个性而造成的冲突是难以避免的。不过，我们更应该明白，没有哪种脾气是完美的，只有坏境的不同使人们展现出这种脾气好的或坏的一面，在你享受对方这种脾气带来的益处时，也需要承受这种脾气带来的伤害。

2.你的包容对男人而言很重要

有时候，男人就像一个小孩子一样，他们希望得到女性的包容，他们偶尔也会发发小脾气，这时作为在他身边最亲近的人，需要学会包容，以自己母性般的胸怀包容他的脾气，这对于男人而言是很重要的。

跟珍珠一样，在这个世界上不存在绝对完美的东西，夫妻之间更需要包容，包容对方的脾气，更多地看到对方的好处，不能斤斤计较，更不能肆意讽刺对方的缺点。真正的幸福，不是让我们冒着背负终生之憾的危险，去剔除对方身上那一点点微不足道的瑕疵，而是需要我们把握好手里的那一颗实实在在的珍珠。

第 10 章

情商高的人懂得感恩，严于律己宽以待人

生活中，如果我们想要一个相对轻松和谐的环境，与他人很好地相处，那心怀感恩、宽以待人是必不可少的。高情商人从来都是这样，对他人的要求不过分，不强求于人，总以宽容为怀，能让人时且让人，能容人处且容人。

敞开心胸，宽容他人

在希腊神话中，大力士海格力斯的脾气很不好，他很容易生气，还常常陷入暴怒之中。有一天，他在路上走着走着，突然看到路中间有个鼓鼓囊囊的袋子，因而他走上前去，照着袋子就踢了一脚。不想，袋子非但没有瘪下去，反而更加鼓起来。为此，海格力斯非常生气，居然从地上抄起一根棍子，歇斯底里地朝着袋子打下去。随着海格力斯的棍棒不停地落在袋子上，袋子越胀越大，最后居然把整条路都堵住了。后来，有个人告诉海格力斯："你所面对的并非普通的袋子，而是传说中的仇恨袋。假如你绕道而行，这个袋子不会妨碍你走路。但是你偏偏走上去踢了几脚，后来还对它棍棒相加，所以才会导致仇恨袋越长越大，并且坚决与你作对到底。"

这个希腊神话中的仇恨袋，其实与我们现实生活中的以牙还牙、以眼还眼很相似。总是有些人对于他人的任何伤害，不管是有心的还是无心的，都牢记于心。还有些人，总是与他人冤冤相报，如此导致人际关系陷入恶性循环之中，人际关系越来越恶化，不但给他人造成严重影响，给我们自身也带来很坏的影响。古人云，冤家宜解不宜结，我们只有放开心胸，做到包容和宽容他人，才能避免冤冤相报。

在古时候，魏国与楚国相邻。在两国的边境，两国的百姓都很喜欢种瓜。有一年春末夏初，正是瓜的生长季节，但是却遭遇大旱。为此，魏国的百姓每天都清晨起床，去很远的地方挑水浇地。眼看着地里的瓜长势喜人，楚国的百姓不由得心生嫉妒。他们趁着魏国百姓不在的时候，就会故意踩魏国地里的瓜苗。得知真相后，魏国的百姓非常气愤。他们向县令报告了此事，并且也准备结伴去踩楚国的瓜苗。县令知道他们的打算后，连连摇头，说："冤冤相报何时了啊！现在你们去践踏他们的瓜地，等到他们发现之后，又被变本加厉地来践踏你们的瓜地，如此陷入恶性循环之中，谁也收获不到成熟的瓜。我觉得，你们如果能够趁着晚上的时间去给他们浇地，也许此事会有完美的解决。"

在县令的启发下，魏国百姓果然趁着夜深人静的时候给楚国的瓜地浇水，楚国百姓次日看到瓜地里湿漉漉的，感动不已。如此几次三番之后，楚国的百姓再也不嫉妒魏国百姓的瓜地长得好了，而是与楚国的百姓一起想办法，抗旱救瓜。

很多时候，以怨报怨只会使事情更加恶化。假如魏国的百姓也践踏楚国的瓜地，那么魏国和楚国的百姓之间最终一定会变得水火不容。相反，魏国的百姓以德报怨，非但没有侵犯楚国的瓜地，反而还主动挑水帮助楚国百姓浇地，由此，两国人民之间的恩怨彻底化解，从此友好相处。

毋庸置疑，以德报怨才能够彻底消除抱怨。不过，以德报怨是需要宽广的胸怀的。朋友们，生活原本多艰，与其让仇恨侵占我们的心灵，不如从现在开始让自己变得更加宽容和友善，这样才能帮助他人消除心中的怨恨，从而改善与他人之间的关系，与他人建立良好的交往。需要注意的是，当你以德报怨消除了他人心中的怨恨，你自己也会因为放下了仇恨，变得浑身轻松。

自律严谨，要懂得宽容他人

很多人都对自己很宽容，当自己犯错了，不管是有心的还是无心的，马上就会找出借口为自己开脱，取得自我安慰。殊不知，如果宽容自己超越了合理的度，宽容就会变成纵容，也会使我们自身因为失去严厉的约束，因而变得越来越放纵。毋庸置疑，这个世界上根本没有绝对的自由，任何人都要受到法律、道德观念等等的约束，这是外界的约束。从我们自身的角度而言，我们要有自己做人的原则、待人处事的底线，等等。由此可见，假如一个人失去对自我的约束，结果必然是堕落。细心的人会发现，古今中外，所有的成功人士无一不是一个自律严谨的人。他们是自己的主宰，所以能够在任何情况下都掌控自己的命运和人生。

有些人虽然对自己很宽容，对于他人却非常严苛。他们大多数都是得理不饶人的人，只要抓住别人的一点点错误，就会不停地指责和刁难。对于自律很严，且对他人也要求严格的人而言，尚且情有可原。但是如果是对自己宽容，对他人严苛，则不得不说是人品的问题了。一个高情商的人，他的所作所为与此恰恰相反，他对自己非常严苛，向来严于律己，但是对他人却非常宽容，总是愿意原谅他人的错误，尤其是他人的无心之失。这样的人往往人缘很好，也因为品格高尚、心怀坦荡而受到他人的尊重和敬仰。

战国时期，蔺相如为了保住赵国的和氏璧，远赴秦国，最终完璧归赵。因此，赵王封他为上卿，官位比战功赫赫的廉颇大将军还高。为此，廉颇愤愤不平，对蔺相如怀恨在心。他总是在公开的场合说："作为赵国的将军，我驰骋沙场，战功赫赫，开疆拓土。如今，蔺相如居然只凭三寸不烂之舌，就官位在我之上。而且，蔺相如出身平民，身份卑微，根本不能与我相提并论。这简直是奇耻大辱。只要有机会，我一定要使劲羞辱他，让他无地自容。"很快，蔺相如就知道了廉颇的这番言论，因此总是故意躲避廉颇。每当上朝，蔺相如常常推脱身体有病，不愿意与廉颇相见。后来有一次，蔺相如驾车出门，却远远看到廉颇的马车驶了过来，因此他赶紧调转车头，回避廉颇。直到廉颇的马车驶过很远，他才命令车夫继续驾车前行。

看到蔺相如如此忌惮廉颇，门客们全都愤愤不平："先生，我们之所以离开家乡，远离亲人，来到您的身边追随您，就是因为您高尚的节气让我们仰慕。现在，您的官位并不比廉颇低，但是您却总是对他退避三舍，甚至到了害怕的地步，这让我们这些平庸的人都感到羞愧，更何况您是身为上卿呢！我们是无能之辈，请允许我们告辞吧！"蔺相如苦口婆心地对门客们说："大家认为，和秦王相比，廉将军更厉害吗？"门客们不约而同地摇头，说："当然是秦王更厉害。"蔺相如继续说："秦王那么厉害，威风凛凛，拥有千军万马，我却能够在朝廷上当众呵斥他，当着他的面羞辱他的大臣，难道我再胆小，居然会害怕廉将军吗？但是，如今秦国实力强大，却忌惮赵国，就是因为赵国有我和廉将军。所谓两虎相斗，必有一死。假如我现在和廉将军谁也不愿意低头，最终导致两败俱伤，那么秦国又会如何呢？我忌惮廉将军，是为了国家的安危。和国家安危相比，个人的恩恩怨怨又算得了什么呢？"门客们全都对蔺相如心服口服，再也不提要离开的事情了！

得知蔺相如的苦心躲避之后，廉颇意识到事实的确如此，非常羞愧自己为了个人的颜面，而不顾国家和人民的安危。为此，他脱掉战袍，赤裸着上身，背上荆条，专程来到蔺相如的家里给蔺相如道歉。蔺相如得知廉颇登门负荆请罪，赶紧走出门外迎接廉颇。就这样，他们成为了好朋友，同心协力地为赵国尽忠。

蔺相如有着宽广的心胸，而且以国家安危为重，所以面对廉颇的恶言恶语和故意挑衅，他始终怀着隐忍的态度。直到门客们要离去，为了挽留门客们，他才说出让人钦佩的理由。廉颇虽然是一介武夫，生性鲁莽，但是得知蔺相如的这番话之后，他也非常钦佩，因而马上负荆请罪。蔺相如不计前嫌，与廉颇成为好朋友，一起为赵国出力。如此宽容的气度，如此崇高的境界，让每个人都对蔺相如钦佩有加。

对于任何人而言，宽容都是弥足珍贵的品质。一个人如果怀着宽容之心，能够原谅他人的错误，这样不但可以包容和理解他人，还可以避免用他人的错误惩罚自己，也可以让自己始终怀着理智之心，更好地处理和解决问题。从这个意义上来说，宽容别人也就是宽宥自己。

懂得感恩，赢得身边人的好感

人一生要感谢的三种恩情：父母之恩，老师之恩，上司之恩。在生活中，感恩是一种处事的哲学，是一种生活的大智慧。其实，生活就是一面镜子，你对着它笑，它就笑；你对着它哭，它就哭。上天是最公平的，它赐予了我们如此多彩的世界，难道我们不应该感恩吗？感恩父母，感恩老师，感恩生活，感谢那些曾经帮助过自己的人。

俗话说："滴水之恩，定当涌泉相报。"李嘉诚的一生，只因为他懂得感恩，感谢生命中的一切，无论是成功，抑或是落魄的时候，他始终怀着一颗感恩的心，至此，那颗感恩的心伴随着他走上了"首富"的巅峰。人生在世，我们需要感恩的人有很多，那些帮助自己的心，那些给自己恩惠的人，等等。或许，现在的我们拥有的东西越来越多，但是，贫瘠的精神里不能缺乏一颗感恩的心。

一份恩情记了几十年，在这几十年中总是想这件事，可不是时间不对，就是地点不对，最后，终于报了此份恩情。由此可见，感恩在李嘉诚心中已成为了一种信仰。或许，在大多数人看来，那就是一件小事，不过，李嘉诚却始终牢记在心，碰到了一个报答的机会，他就大报特报，将陈年小事的恩情回报得漂漂亮亮。

他出生在一个贫困的家庭，生活的窘境似乎给了他莫大的激励，他成绩十分优秀，然而，正当升学的时候，家里却是入不敷出。无奈，他只能一边打工一边读书，十分辛苦，街坊邻居了解到他的情况下，纷纷出钱资助，并很快成立了资助小组，每人每月按时出钱，不够，由居委会补贴。

在街坊邻居的资助下，他顺利完成了学业。如今，他已经是电机工程的博士了，就职于一家金融公司。为了回报当初帮助过自己的人，他将工资的其中一部分寄给那些帮助过自己的人。几十年，每月按时寄，从来不停歇，他说："这是我的一份心意，受人恩惠，应涌泉相报，如果不这么做，我会良心不安。"

感恩，是一种生活态度，是一种内心独白，感恩不是简单的回报，而是一种责任、自立。在这个世界，除了亲人，谁也没有义务对你好，给予你恩惠，所以，对那些给自己帮助的人，包括我们的亲人，说声"谢谢"，并以自己的实际行动来诠释你的感恩。感恩，让我们变得富有，享受温暖；感恩，让我们变得成熟，富有魅力。更为关键的是，你的感恩，将会打动人们的心，而你的朋友圈子将会越来越广。

一个人懂感恩，他才能结交更多的朋友。"投之以桃，报之以李"，实际上，人与人之间的关系是建立在互惠互利的基础之上的，受人恩惠，懂得回报，这是人之常情，更能体现一个人的品德。

1.向陌生人说"谢谢"

保持对陌生人说"谢谢"的习惯，不管是送报纸的邮差，还是为你开门的绅士，甚至是载你回家的出租车司机，习惯说一声“谢谢”，这不仅仅是礼貌的表现，还会让自己处于一种更感激的状态。

2.对爱自己的人表示感激

在我们身边，围绕着许多爱我们的人，你是否有对他们说“感谢”。如果想成为懂得感激的人，就应该在朋友和家人帮助自己时表达感谢，或仅仅因为他们陪伴而表示感激。这并非感性，而是习惯性感激。

3.主动帮助朋友

不会感激的人是自私的，而且只会在他们获得好处时才与别人交往。所以，要学会主动为朋友提供帮助，身边的朋友可能需要帮忙，主动伸出援手，那么当你被帮助时你会感到感激。

有的人受了他人恩惠，转身就忘记了，时间长了，就没有人会帮助他，即使遇到了困难与挫折，他所能依靠的只有他自己了。所以，在生活中，我们要懂得感恩，感恩他人的过程实际上也是一个建立人脉关系的过程。

学会忍耐，培养豁达的心态

王阳明有言：“处朋友，务相下则得益，相上则损。”意思是，交朋友，务必要互相谦让，这样就受益，互相攀比就受损害。忍耐是一种以德报怨的宽容，维克多·雨果曾说：“最高贵的复仇是宽容。”在生活中，我们不仅需要忍耐他人的短处，而且还需要容忍得了他人的长处。有可能我们是被嫉妒的那一位，时刻遭受着嫉妒者的奚落、冷漠，但在另外一方面，我们可能是某些人的嫉妒者，嫉妒他们所能而已不能，所有而已没有的方方面面。在我们身边，有明显缺点的人，更有优秀长处的人，如何来平衡这样一种关系，从而达到平衡自己的心理呢?

其实，不管是他人的短处，还是他人的长处，这都是一种客观存在，根本威胁不了我们自身，毕竟在这个世界上，我们每个人都是独一无二的。这时不妨学会忍耐，努力克制自己，既需要忍得了他人之短，更需要忍耐他人之长，这样我们心中才会坦然，不会因此而自怨自艾。

嘉靖元年，一位泰州商人穿着奇怪的装束来到王阳明家里求学，想拜入门下，王阳明一口答应了。可是，没过多久，这个人就决定穿着一身奇怪的装束去游历、讲学。王阳明觉得很奇怪，就询问他为什么要打扮成这样呢？这人当即以反对理学陋规，讲究心学为理由。王阳明却一眼看穿了他的心思，害怕别人看不起，所以才穿着奇怪的服装，打着王阳明的招牌出去讲学，当即一口拆穿了他，说他只是想出名而已。

这人一听被老师看穿了，只想带着最后的尊严离开，没想到王阳明没有计较，反而继续留他在家里。从此，这个人开始抛弃内心的偏见，一心向学，他就是王阳明最优秀的学生、泰州学派的创始人——王艮。

当然，容得了他人之短，忍得了他人之长，需要我们具备豁达的心态。内心的嫉妒或羡慕往往是来自于生活中某方面的缺乏，当我们容忍不了别人的长处，那是因为别人得到了你想要的地位或荣誉，所以你心生不满，心怀嫉妒。于是，总是有这种“缺乏感”来扰乱想法和感觉，它将引起不满的强烈的负面心理状态，自己被狭窄的心纠缠，并不断强化和持久化这种负面心理。那么，为了摆脱这种破坏的心态，学会忍耐，就需要培养豁达、洒脱的心态。或者，忍耐本身就是一种豁达、洒脱的心态，当看到比自己差的人，需要包容他们；而比自己优秀的人，则需要懂得“天外有天、人外有人”“强中自有强中手”，相信自己，这样就渐渐懂得忍耐了。

忍耐是一种以德报怨的宽容，维克多·雨果曾说：“最高贵的复仇是宽容。”实际上，忍耐也是最高雅有力的“惩罚”，惩罚的前提是自己受到了侵犯，而对于侵犯自己的人，如果你想要惩罚，方法可能会很多，最直接的就是恶语相向，以牙还牙，当然，这都是那些不懂得忍耐的人所采用的方法。

忍耐，是一种真正豁达的心态，是用自己广阔的胸怀去包容一切。在生活中，即便在我们身边的人有缺点，抑或是非常优秀，但就我们而言，我们还有更重要的事情去做，根本没有时间来打击或嫉妒他们。

让快乐成为一种习惯

什么是快乐？史铁生曾这样写道：“生病的经验是一步步懂得满足，发烧了，才知道不发烧的日子多么清爽。咳嗽了，才体会不咳嗽的嗓子多么安详；刚坐上轮椅时，我老想，不能直立行走岂不把人的特点搞丢了？便觉得天昏地暗，等又生出褥疮，一连数日只能歪七扭八地躺着，才看见端坐的日子其实多么晴朗。后来又患尿毒症，经常昏昏然不能思想，就更加怀念往日时光。终于醒悟：其实每时每刻我们都是幸运的，任何灾难面前都可能再加上一个‘更’字。”

在辅导班里，有一位60岁的教授，他谈吐幽默风趣，专业知识精深。但是，给学生印象最深的却是他每一次进教室都精神饱满，面带笑容，而且，每次都会带上一束花放在教室的花瓶里，虽然，每一次带来的花都不一样，但都一样鲜艳美丽。学生不禁产生这样的疑问：教授为什么总是感到如此快乐，难道生活就没有什么不顺心的事情吗？

课程结束之后，一位学生向教授表示了自己的感激之情，同时，提出了一直存在心中的疑问。头发花白的教授笑了笑，说：“其实，我只是把快乐的感觉当成了一种习惯，前几年，老伴在一次车祸中走了，孩子又在外地工作，我一个人在家里很孤单，本来我已经退休了，但我还想继续执教，教师这份职业让我感到快乐。在工作之余，我最喜欢养花，在我家的院子里一年四季都有花香，我把这些花送给了朋友、邻居以及喜欢这些花的陌生人。我每次带来的花都是自己种的，能给别人带去快乐，我自己也感到很快乐。”闻着那些花香，学生感到快乐正跳动在自己的发梢。

其实，快乐只是一种感觉，我们每个人都有拥有享受快乐的权利。在生活中，我们常常会感到悲伤、烦闷，总是认为快乐是一种奢侈品，难以奢求。事实上，我们完全可以让快乐成为一种习惯，习惯本身是一种积累，而我们有养成快乐的力量，因为我们可以自己选择。

约翰是一名律师，在纽约一家知名的大公司上班，很快将成为公司的股东之一。坐在自己的高级公寓里，可以把中央公园的美景一览无余。约翰非常努力地工作着，一周的上班时间至少达到了60个小时。每天早上，他都挣扎着起床，拖着疲惫的身体来到办公室，参加会议，会见客户，这些繁琐的工作占据了他的每一天。对此，他感到自己已经远离快乐很久了。

有人问他："在一个理想世界里还想做什么？"约翰回答："我最想去一家画廊工作。"那人继续问道："难道你现在找不到画廊的工作吗？""不是的，但如果在画廊工作，收入将会少很多，生活水平也会下降，我虽然对律师很反感，但没有其他选择。"

约翰将快乐生活定义为：高收入、较高的生活水平。甚至，他觉得放弃自己最梦想的职业是因为"没有选择"。现在，我们应该明白约翰为什么感觉不到快乐了？他总是被一个自己不喜欢的工作所捆绑着，所以，他每天都感觉不到快乐。在生活中，估计有一半以上的人对自己的工作并不满意。但是，他们之所以会感到不开心，并不是因为他们别无选择，而是他们提高了快乐的底线，错误地将物质与财富认为是"快乐"。

1.每天对自己说"一切都会好的"

快乐的人每天都对自己说："今天的天气真好，一切都会顺利的。"而不快乐的人则会说："今天一切又不会顺利。"有时候，快乐对于我们来说只是一种选择，谁也带不走你的快乐，只有你自己。

2.降低快乐的底线

或许，快乐就是这样简单，如史铁生所形容的那般“不发烧、不咳嗽、能走路、能好好地端坐着”。当然，我们可以理解他一定是吃尽了“疾病”的苦头，才会把快乐的底线定得如此之低。事实上，快乐本来就是那么简单，它的底线就是如此低，为什么我们还没有养成快乐的习惯呢？在很多时候，我们总是认为生活给予自己的不够多，不自觉地提高了快乐的底线，但是，当我们真正意识到什么是快乐的时候，生活留给我们享受快乐的时间却是少得不能再少了。让快乐成为一种习惯，降低快乐的底线，你就会发现，快乐就在触手可及的地方。

让快乐成为自己的一种习惯，我们不需要太多的寻寻觅觅，不需要太多的权衡，只需要我们放下心中太多的欲望，给自己的快乐画一条最浅的底线，你就会发现，生活中的快乐越来越多，你会感到每一天都是富足而充实的。

第11章

情商高的人懂得收敛，韬光养晦低调做人

情商高的人懂得收敛，时刻保持低调谦虚，于不显山不露水的状态中成功。生活中，我们要学会收敛自己，活着就是为了简单的快乐，别总掺和世俗的繁杂，别轻视任何一个人，因为有可能一个平凡人也有不平凡的一面。

欣赏每一个人，重视每一个人的存在

我们都很容易犯一个错误，那就是总以不屑的眼光来看待我们身边的每一个人，其实，这样小瞧别人会让我们蒙受巨大的损失。在现实生活中，我们每一个人都是平等的，没有谁比谁更高贵，谁比谁更低贱。所以，当你小瞧别人的时候，实际上是抬高了自己，看低了别人，这时候，你眼中完全没有了对方，就有可能面临着目中无人的危险。当你开始轻视对方，那时实际上你已经走上了一条失败的道路。而且，当你小瞧别人的时候，会让他感到自卑，也让他感到很伤自尊，因为没有谁愿意被人看不起。

或许，你真的在某方面很出色，但也不要小看他人，一方面是出于对他人的尊重，另一方面也是为自己敲一个警钟。另外，我们有时候也会出现这样的情况，也许对方压根就是一个不起眼的小人物，所以不自觉地看轻了对方。实际上，不管对方是否很优秀，或者是否很渺小，我们也没有任何理由去看轻对方。我们应该尊重对方，学会欣赏每一个人，重视每一个人的存在。这个世界需要我们大家的点缀，才会绽放出无限的光芒。

人人都可能成为圣人，谁也不比任何人差，所以永远不要轻视他人。也许，有的人看上去就是那么平凡，但是，没有看见真实的他，你就不能判断他到底有几斤几两。如果这个人正好是你的竞争对手，那么你已经先输在了心气上，因为心气儿太高容易摔下来。而他只是默默地坚守着自己，即使有着卓越的才能也隐藏不露，所以，最终你只能失败。可是，偏偏有的人自作聪明以为看透了对方，把对方当作可有可无的角色，忽视了对方的存在，因而他最后也输得很惨。有的人自诩聪明，却经常糊里糊涂地跌进别人的陷阱，这其中很大的原因就是因为你小看了他人。有时候，看对人比做对事更重要，因为你知道了对方的真实情况，才能决定该怎么去做，以免自己输给了对方。

有这样一个寓言故事：

狐狸默顿看见一家人的窗户上挂着一串香肠，他馋得口水都流了下来。怎样才能吃到香肠呢？他想来想去地找主意，这时候，他注意到院子里有一条狗，他狡猾地想：“利用那条狗，我只要三言两语就能让那条蠢狗把香肠送给我！”于是，狐狸默顿走了过去和狗套近乎，最后他对狗说：“兄弟，看到那串香肠了吗？你那吝啬的主人是不会给你吃的，与其那样还不如我替你望风，你把它偷出来大吃一顿多好！”狗想了想，点了点头，就让狐狸跟他进院，并小声对狐狸默顿说：“你到草地那等着我，等我偷下来香肠，就跟你汇合，咱们俩一起把香肠吃掉。”狐狸高兴得不得了，听从了狗的建议，往草地方向走去，刚走到草地就一声惨叫，它被一只捕鼠的夹子夹住了。这个时候，主人跟着狗走了出来，一枪就把狐狸打死了。

狡猾的狐狸以为自己有多么聪明，别人多么的愚蠢。在它看来，可能狗都是愚昧至极的动物，所以，它把自己的小算盘打得很好，却没有想到，结果把自己给算计进去了。这只是一个寓言故事，也许你会因为狐狸的自认为聪明而捧腹大笑，但浑然不知，自己在生活中也经常担任这样的角色。生活中的我们又在什么时候正眼看过别人？绝大多数时候，我们都会自作聪明地把别人都当成傻瓜，可是，到最后我们才发现，真正的傻瓜是我们自己。

每天，我们都忽视了许多在身边的人。也许，你忽视了那个清洁的阿姨，看轻了她的身份与地位；对于办公室里来的陌生人，也是不屑一顾，也许他就是潜在的大客户；对于其他部门的同事也是爱理不理的，也许他就是你下一个合作伙伴；对于新来的同事也是看不上眼，也许他就是你未来的强劲对手。时间长了，你才发现自己错了，并且错得很离谱，当你小看对方的时候，你已经开始损失了。

曾经有一位美国著名企业家说了一句话：每个人的身上都挂着一块隐形的牌子，上面写着不要小看我！试想，没有一个人能容忍别人的轻视，当你轻视别人，别人自然可以轻视你。所以，为了不让自己损失更多，我们一定要坚持一个简单而重要的原则：不要小瞧他人！永远不要！

任何一个看似小人物的人都有可能会成就出一个不平凡的未来。每个人都会说，我只是个平凡人，但是，你依然可以有不平凡的人生。像小卒一样，看似卑微，依然可以当车用，而且它所表现出来的力量胜似车，所以，它在楚河汉界找到了自己的位置，成就了自我。

平稳谨慎，不要张扬

王阳明曾说："我在南都之前，心中还存有一些乡愿。乡愿就是那些看起来忠厚老实，其实却没什么道德规则，只知道献媚的人。而我所认定的良知，是就是，非就是非，按照本心去做事，不遮掩，不畏缩，按照良知，该做什么就做什么。"王阳明的目标就是做一个圣人，狂者只是退而求次。在他看来，尽管狂者是不错，不过如果能够收敛锋芒，善于发现自己的不足之处，注意一下自己的言行举止，那就会成为一位圣人了。

一个人，无论是已经取得了成功还是尚未出师，都应该学会平稳谨慎，不要张扬，特别是不能得意忘形而显露狂态。有的年轻人，初出茅庐，凭着自己的年轻气盛，过着张扬、招摇的生活，所以，那条通往成功的路也颇显艰难。当你得意忘形的时候，已经不知不觉地为自己树下了许多强敌，他们成为你路上的障碍，影响你的成功。而那些表面的弱者则为自己留了一条后路，他不会受到周围人的排挤，相反，他拥有不错的人际关系。他总是默默地进行自己的事业，如果成功了就有了翻身的机会，如果没有成功也没有其他人知道，他依然是那个看起来不起眼的他，对身边的人构成不了任何威胁。

刘备一向是一个低调的人，从其人生轨迹就可以看出来。

首先，三国演义中桃园三结义。刘备身为皇亲国戚，在当时是大名鼎鼎的刘皇叔。而张飞是酒贩，关羽则是在逃的杀人犯，这两人与刘备不管是从身份上，还是从生活上，都存在较大的差别。但是刘备却不嫌弃，反而毕恭毕敬，与两位结拜为兄弟。从后来的故事可以看出，恰恰是看起来不怎么样的兄弟，最后却成为刘备事业最坚实的基础，五虎上将张翼德、儒将武圣关云长，成为刘备的左右手。

后来，刘备三顾茅庐，可以看出，那是相当的低调。当徐庶向刘备推荐了诸葛先生，且说明“恐怕将军需要亲自拜访”，刘备不摆架子，当即亲自拜访。连去两次，却都没见到这位未出茅庐的后生，但他却不骄不躁，依然耐心等待。到了第三次，诸葛先生在家，但在睡觉，刘备为了不吵醒对方，在屋檐下等了一个时辰又一个时辰，连张飞和关羽都看不下去了，但刘备依然保持谦卑的姿态，毫无怨言。后来，孔明出山了，为刘备勾勒出宏伟的建国蓝图，他自己也成就了千古名相。

不管对什么样的人，刘备都是礼让三分。当时，张松卖主求荣，将西川献给曹操。尽管曹操因此大破马超，却骄傲自满，看不起这等小人，几次都推脱不见张松，哪怕见了面也没说几句好话，甚至想将其处死。不过刘备待人却不同，他先是派了赵云、关云长在境外迎候张松，自己还在境内亲自迎接，宴饮三日。张松深受感动，终于把本来打算送给曹操的西川地图送给了刘备，这一次，刘备把西川纳入了蜀国之界。

有道是“志同道合”，刘备谦虚，诸葛亮亦是谦谦君子，所以君臣两人才是惺惺相惜，肝胆相照。在诸葛亮辅佐刘备期间，不管是做人还是做事，都是相当低调，哪怕刘备最后白帝城托孤，诸葛亮也从来没往别处想，而是谦虚谨慎，尽心尽责地辅佐刘禅，尽管年纪大了，也上书亲自北伐，足见诸葛亮这位谦谦君子的高尚品性。

俗语曾说：“枪打出头鸟。”在一些场合，太过狂妄，必定是犯了时忌，或者无意间说中别人的痛处，这样你就会倒霉了。所谓“人怕出名猪怕壮”，人出名了，必会招来侧目而视，这就是惹祸的根由。所以，装作什么都不知道是最好的，善于发现自己的不足之处，做一只快乐而单纯的糊涂虫，让自己的生活模糊起来，让自己的人生五彩斑斓。

让他在你面前成为强者

王阳明曾说：“人生大病，只是一‘傲’字。”在他看来，一个人的骄傲，不过是因为一份我执。人们会亲近一个我执太深、戾气太重的人吗？这样的人若是没人亲近，又如何做事呢？每个人都希望自己能做一个强者，特别是在别人面前做一个强者。这样，既满足了自己的一种虚荣心理，又拥有巨大的成就感和自豪感。人际交往中，我们可以为了迎合别人的这种心理，而适当放低自己的姿态。有时候，我们需要别人的帮忙，而他具有这样的能力。那么，这时候，不妨让他做一回强者。我们要对他的能力表示赞赏和肯定，表示自己的敬佩之情，适时的时候表现一下自己的谦卑。当我们的行为向他人传达一种信息：你很优秀，你很能干，在我面前，你就是一个强者，而我现在需要你的帮助。那么他就会觉得自己是高高在上的，只是给你一点小帮助，他满足的心理觉得这根本不是什么大事，并且会十分愿意帮助你。

让他在你面前成为强者，并展现他能力超群的一方面。或者换一种说法，就是给他一个成为强者的机会，在他面前，你比他稍微逊色一些。他就会主动愿意与你交朋友，真诚地信赖你，甚至他愿意给你任何帮助，因为这是显示他能力的最好机会，他很愿意在你面前表现他强者的一面，而我们顺势就会获得他的帮助。

生活中，必要的时候学会放低自己的姿态。放低自己的姿态，并不是一味去奉承、讨好、巴结，甚至把对方当菩萨一样供起来。那是一种盲目的崇拜，可能对方心里会很受用，但是自己的自尊也已经是被别人践踏在地上了。我们所说的放低自己的姿态是适当地放低，适当地低头，是为了更好地接近他人，获得他人的信任，或者是一些帮助。给对方一句恰到好处的赞美，表示自己内心无比真诚的钦佩，都是在抬高别人。当我们把自己放在了一个较低的位置，无形中就把对方抬到了一个较高的位置。这时候，他在我们面前就成为了一个强者，当他为自己所处的位置而兴奋不已的时候，也就会主动地帮助我们了。

当他在你面前成为一个强者，他就处于一个受人钦佩的位置的时候，而我们只是在他下面向他请求帮点小忙的人，他就会对我们有求必应。甚至有时候，不用我们自己开口，他就会为了在我们面前显示强者的力量，而主动帮助我们。

为了获得他的帮助，不妨自己先低低头，让他俯瞰众生。让他在你面前做一回强者，满足他受人推崇的渴望。

沉下心做事，稳步向前

王阳明有言：“古先圣人许多好处，也只是无我而已。无我自能谦，谦者众善之基，傲者从恶之魁。”意思是，谦虚是一切善行的基础，骄傲是一切恶行的魁首。当一个人埋下头，沉下心做事，沉住气做人，那他将会成为播种善行的圣贤。

卢梭曾说：“节制和劳动是人类的两个真正医生。”即使每个人都是块好铁，总得锻炼锻炼才能成钢，就是在你为生存而付出的劳动里，锻炼了一切与理想相关的东西，比如自信、尊严、才识和能力。沉重是生活的一部分，我们享受生活的欢乐，也要接纳生活的沉重，因为生命中有一些责任是你必须要承担的，你必须负重前行，脚步才不会太飘忽。一个人要想有所作为，首先要从清理思想、改变观念开始。如果本是穷人、新人还要“穷摆谱”，那么机会是不会主动光顾他的。而能沉下心来的人，他的思考富有高度的弹性，不会有刻板的观念，而能吸收各种信息，形成一个庞大而多样的信息库，这将是他的本钱。

这一年，玛丽从大学毕业，她决定在纽约扎根并做出一番事业来。她的专业是建筑设计，本来毕业时是和一家著名的建筑设计院签了工作意向的，但由于那家设计院在外地，玛丽未经考虑就决定不去。如果去了，她会受到系统的专业训练和锻炼，并将一直沿着建筑设计的路子走下去。可是一想到会几十年在一个不变的环境里工作，或许永远没有出头之日，这点让玛丽彻底断了去那里工作的念头。

玛丽在纽约找了几家建筑公司，大公司不要没有经验的刚出校门的学生，小公司玛丽又看不上，无奈只好转行，到一家贸易公司做市场。一段时间后，由于业绩得不到提高，身心疲惫的玛丽对工作产生了厌倦情绪。但心高气傲的她觉得如果自己单干肯定会更好，于是她联系了几个朋友一起做建材生意。本以为自己是“专业人士”，做建材生意有优势，可是建筑设计与建材销售毕竟是两码事。不到一年，生意亏本了，朋友们也因利益关系闹得不欢而散。

无奈之下的玛丽只好再换工作，挣钱还债。由于对工作环境不满意，几年下来，她又先后换了几次工作，玛丽对前途彻底失去了信心。现在专业知识已忘得差不多了，由于没有实践经验，再想做几乎是不可能了。玛丽虽然工作经验丰富，跨了好几个行业，可是没有一段经历能称得上成功……现实的残酷使玛丽陷入很尴尬的境地，这是她当初无论如何也没想到的。

“这山望着那山高”的想法切不可有，如果你忽略了理想必须扎根在现实的土壤上的话，结果只能被理想和现实同时抛弃。学会沉下心来，因为你在人生的过程中会看到许多山峰，但你不可能翻越每一座山峰，得到所有美好的东西。命运对任何人都是公平的，当你为没有得到而苦恼时，还是仔细想一下自己将会失去什么吧！

许多年轻人在步入社会的初期都拥有远大的抱负，一心只想一鸣惊人，而不去做埋头耕耘的工作。等到忽然有一天，他看见比他起步晚的，比他天资差的，都已经有了可观的收获，他才惊觉到自己这片园地上还是一无所有。他这才明白，不是上天没有给他理想或志愿，而是他一心只等待丰收，忘了播种。

古人说：“唯有埋头，乃能出头。”种子如不经过在坚硬的泥土中挣扎奋斗的过程，它将止于是一粒干瘪的种子，而永远不能发芽滋长成一株大树。

沉下心做事，就是要面对现实，面向未来，顺从规律，服从大势，不做拔苗助长的蠢事，不干明天后天才有可能做的蠢事。扎扎实实，一步一个脚印地走；循序渐进，一步一步登上事业的巅峰。

别用自己的想法去揣度他人

所谓以己度人，顾名思义，就是用自己的想法去揣度他人。日常生活中，为了更多地了解和理解他人，我们会尽量做到设身处地，即站在他人的角度考虑问题，从而更加深入地体察他人的内心世界，最终对他人宽容、理解和尊重。与此相反，有的时候我们不是设身处地，而是以自己的想法猜测别人。如果说前者对于人际交往起到的是积极的正面作用，那么后者对于人际交往则只会起到消极的负面作用。通常情况下，以己度人均指带有恶意的揣测，即用自己的阴暗思想思量别人，以为别人也和自己一样想法晦暗。俗话说，以小人之心度君子之腹，也正是这个意思。由此可见，以己度人除了带来误解之外，对于任何交往机会没有任何好处。

人与人相处的基础是真诚和理解，以己度人恰恰与此背道而驰。一个人一旦以己度人，就会不惮以自己的恶意强加于人，误解也应运而生。这无疑是人际交往的大忌。原本，人与人之间相处的时候就会产生误解，倘若不能敞开心扉尽情交流，误解难免会加深，倘若非但不沟通，反而擅自以恶意揣测他人，则结果可想而知。

近来，豆豆正在准备结婚的相关事宜。结婚可真是个让人头疼的事情，不但要买房子、装修，还要买各种各样的家具和电器，最重要的是很多事情还需要与婆家协商呢！毕竟，面对自己的准婆婆，豆豆还是要尽量争取留下好印象。

原本，豆豆想要结婚之后蜜月旅行，而且已经想好了要去马尔代夫。这个周末，她正好要与婆婆一起选购家具，因而想顺便就和婆婆一起去把旅行的合同签约了。不想，婆婆百般阻挠，不让豆豆着急签订旅游合同。豆豆不解，暗暗想道：你不就是看到今天与我一起，怕我让你买单嘛！想到这里，豆豆有些不高兴地说：“妈，您放心，旅行我来买单，我早就想去马尔代夫了，正好借此机会去度蜜月。不会让您掏钱的，放心吧，您就算想掏钱，我也不让您掏。”婆婆看到豆豆误解自己了，不由得面红耳赤，难堪地解释说：“豆豆，妈妈不是心疼钱。你知道么，我们老家那边有风俗习惯，结婚一个月之内，喜房不能空着，喜床也不能没人住。只有热热闹闹地度过新婚之后的这个月，婚姻才能幸福、甜蜜、长久。我想，要是你的假期能后延，要是你愿意的话，能不能等到满月之后再去度蜜月呢，我当然愿意你们四处走走看看，也愿意给你们买单呢！”豆豆这才领悟到婆婆的良苦用心，不好意思地说：“对不起啊，妈妈，您怎么早不说呢！我还以为……还以为……”婆婆笑了，说：“我原本准备找个合适的机会跟你说的，不然怕你不高兴。”豆豆马上答应了，说：“妈，您都是为我们好，我怎么会不同意呢！既然家里有这个风俗，咱们就按照风俗来，这样您和爸爸也放心！”

豆豆显然以己度人，误解了婆婆的好心，因而马上言辞之间表现出不悦。幸好婆婆及时解释，才消除误会，也让豆豆领会到她的苦心。倘若婆婆不是直爽的婆婆，也许会把这份误解导致的难堪和尴尬放在心里，时间长了必然引起更深的误解，甚至导致婆媳关系恶化。

朋友们，你们是否也曾经以己度人呢？其实，凡事只要说开了，哪怕是恶意，也并不可怕。最怕的就是明明是好心，最终却因为没有直言沟通导致办了坏事。如此一来，岂不是得不偿失么！记住，我们谁也不是他人肚子里的蛔虫，因而我们谁也不要自以为了解他人的想法和态度，更不要把自己的恶意强行加在别人身上！只要人人都能做到尊重、理解和信任他人，人与人彼此之间的关系就会变得更加和谐、融洽、美好！

参考文献

[1]陈玲.三分做事七分做人[M].北京：新世界出版社，2007.

[2]杨笑.情商制胜：做一个高情商的人[M].北京：金盾出版社，2008.

[3]王宝华.做人哲学全知道[M].南昌：百花洲文艺出版社，2011.

[4]鸿图.做人要稳做事要狠[M].北京：北京理工大学出版社，2012.

[5]牧原.做人要大气[M].北京：中国言实出版社，2016.

[6]刘斌.所谓情商高，就是会做人[M].西安：西安出版社，2018.